海雾条件下的红外探测

Detecting Ability of Infrared Sensor under Sea Fog Conditions

李 伟 邵利民 郑崇伟 徐建志 著

海洋出版社

2020年·北京

图书在版编目（CIP）数据

海雾条件下的红外探测 / 李伟等著. —北京：海洋出版社, 2020.11

ISBN 978-7-5210-0688-9

Ⅰ. ①海… Ⅱ. ①李… Ⅲ. ①海雾－红外探测 Ⅳ. ①TN215

中国版本图书馆CIP数据核字(2020)第229507号

HAIWU TIAOJIANXIA DE HONGWAI TANCE

责任编辑：苏　勤
责任印制：赵麟苏

海洋出版社 有限公司出版发行
http://www.oceanpress.com.cn
北京市海淀区大慧寺路 8 号　邮编：100081
北京朝阳印刷厂有限责任公司印刷
2020年11月第1版　2020年11月第1次印刷
开本：787 mm × 1092 mm　1／16　印张：9
字数：130千字　定价：118.00元

发行部：62132549　邮购部：68038093　总编室：62114335

前 言

近年来，随着人们对红外辐射规律研究的深入和硬件制造水平的提高，各种红外热像仪被广泛应用到生产生活的各个方面，在夜间和各种能见度不良情况下的观察监控等领域发挥着重要作用。

海洋船舶作为一种在广阔海洋表面进行人员与货物运输的流动平台，其船用设备不可避免地要受海洋环境的影响，对船用红外热像仪来讲，海面多发的海雾将严重影响其使用性能。本书紧紧围绕船用热像仪的实际使用情况，对红外辐射在海雾中的衰减以及红外能量的接收等有关问题展开了深入研究，主要内容如下。

一、研究分析了海雾对于红外辐射衰减的物理基础，归纳了对不同强度海雾微物理结构进行表示的雾滴谱形式，并用DP-2型滴谱仪通过典型户外实验进行了测定，为后续的研究奠定了基础。

首先分析了红外辐射在大气中衰减的原因，然后根据不同海区的海雾实验和相关分析，对我国海雾总体特点进行了归纳总结，从能见度、微物理结构等方面探讨了海雾的特征，研究了海雾雾滴谱不同的表示方法，在对比分析的基础上提出了用Khrgian雾滴谱可真实有效地描述不同强度的海雾，并推导了核心参数间的数值关系。最后，用典型海雾实验对相关结论进行了验证。

二、根据研究所选波段较窄的特点对米氏散射定律进行了优化，结合海雾雾滴谱推导了在不同强度海雾下的衰减计算公式，并分别研究了其与经验模型下透射率的差异。

为了建立海雾与红外辐射传播衰减的量化对应关系，首先从经典的米氏散射模型开始，分析了计算求解的主要困难，然后根据消光系数与尺度参数的波段对应特点进行了优化设计，分析了海雾盐核的来源并进行了雾滴为饱和食盐水情况下的拟合计算。按照含水量（能见度）的不同对海雾衰减情况进行了求解计算，在同一坐标系下对单位距离内的透射率进行了对比。

三、建立了海洋船舶侧面红外辐射的类朗伯源辐射模型，并以海上实验对其合理性进行了研究，通过实验的方法研究了点状红外辐射源在室外大气中的传播规律。为了探索不同的红外辐射源在海雾中的衰减规律，分别在不同浓度的海雾中针对不同性质的辐射源（以海岸目标为代表的面状辐射源和以白炽灯为代表的点状辐射源）进行了红外成像实验，对其成像情况进行了分析和研究，研究了其衰减规律。

四、以中尺度数值模拟模式WRF（天气研究预报模式）为工具研究了海雾的数值模拟，为船用红外热像仪探测能力的评估提供了必备的海洋环境模拟手段。

为了实现较为准确的海雾数字化预报，本书首先引入了中尺度数值模拟系统的概念，研究了其基本结构，分析了影响模拟效果的核心参数化方案，然后根据已有的研究成果，以2017年FNL（客观再分析资料）和SST（海洋表面温度）数据进行了分析。在此基础上，为了探讨WRF（版本V3.9）对于其他参数化方案的敏感性，本书设计了敏感性试验拓展方案，最终找到适合于我国海区和不同强度海雾模拟的参数化方案集合，并通过具体的海雾观测实验验证了其可靠性。

五、建立了船用红外热像仪在特定海雾条件下的探测能力评估模型，以综合探测能力指数的形式给出了其在特定海洋环境下不同方向上的探测效能，并以特定设备为例演示计算了其在特定海雾条件下的有效探测距离。

在对设备性能和实际使用情况进行充分调研的基础之上，充分考虑人与设备、海洋环境等多方因素，深入研究了影响实际探测能力的主观和客观要素，提出了适合于特定人员和设备的个性化解决方案。以特定海雾为例演示了模型的使用方法和指数的计算过程，结合具体设备性能给出了海雾条件下理论探测距离的计算方法，并根据实测数据进行了对比验证。

全书共7章13万字，其中第1章至第4章主要由李伟、邵利民完成，共约8万字；第5章至第6章主要由李伟、郑崇伟完成，共约4万字；第7章主要由徐建志完成，全书由李伟统稿。

注：本书中，除特别说明的以外，所用时间均为北京时间（东8区区时）。

作者

2020年6月

目　录

第1章　绪　论

在众多的观察监控设备中，红外热像仪以隐蔽性好、设备轻便灵活、目标虚警率低等突出优点越来越受到人们的重视。从发展趋势看，越来越多的用户喜欢使用红外设备进行观察监视，因为它不仅可以昼夜工作，还具有较强的隐蔽性，可实现多方位、全时域的探测跟踪。所以，研究红外设备的性能及使用特点，尤其在复杂气象条件下的性能特点是一项较有现实意义的研究课题。

1.1　研究背景

在广阔的电磁波谱中，红外线以其强大的衍射穿透能力独树一帜，特别是，大气还在3 ~ 5 μm与8 ~ 12 μm两个波段为红外线留了两个特殊窗口，两处窗口自被发现以来，红外技术更是无孔不入地渗透进生产生活的各个领域。在产品制造上，国际上典型的产品有美国FLIR系列、日本NEC系列（李强，2007）；近几年，我国从事红外热成像系统研发的厂家逐年增多，比如浙江大立、武汉高德、广州飒特等，在热敏传感器方面，技术领先的公司产品可敏感温差为0.05℃的红外辐射。

需要指出的是，由于工程实现上的不同特点，在3 ~ 5 μm和8 ~ 12 μm两个特殊窗口中，8 ~ 12 μm红外波段更具有实际使用的优势，正成为红外热像仪的主要工作波段（耿绪林，1999；唐庆国，1997；王惠，殷占英，1999；戴永江，2002）。当前，权威海事机构虽然没有对红外热像仪的使用作出强制规定，但随着红外探测设备制造技术的日臻完善，非制冷型红外热像仪正成为海洋船舶被动探测的最佳形式。

无论硬件技术如何先进，红外能量的传播总会受到传播介质的影响，尤其在各种雨雾天气中，其衰减特性不容忽视，在一些情况下将无法使用（李晓霞，2005；孙成禄，1989；王泽和，1999）。例如，在海湾战争期间，北约方面发射的红外制导巡航导弹约有1/3因为大雾而迷航坠入大海（顾聚兴，2008）。我国学者蒋鸿旺（1985）、刘大东（2007）等分别在1985年、2007年从原理上对红外传感系统进行了深度分析，认为红外线和可见光在大气中传输受能见度和不良气象条件（如低云、降水和雾等）影响较大，对此，美国学者Bohren与Huffman（1983）早在1983年就有清醒的认识，他们认为空气中的杂质都会对红外传输造成影响；Milbrandt（2005）也认为空气中的大块水凝物一定会对红外谱线造成重要影响，Van de Hulst（1957）早在1957年就在专著中做了系统论述。

1.2 研究意义

在海雾条件下对船用红外探测设备性能进行研究，涉及海雾结构与红外光学技术等多个方面的内容，主要有以下三方面的意义。

（1）虽然有关雾的研究较多，但大都局限于大陆性雾，对于海雾的专门研究相对较少，本书在实测的基础上研究海雾的微物理结构，并从整个中国海区的范围对海雾微物理结构进行拟合分析，完善了海雾研究的理论体系；

（2）海雾的特殊结构（粒径较大，多有盐核）决定了其对波段红外辐射的特殊衰减规律，在实验的基础上根据散射规律进行衰减研究，丰富和拓展了米氏散射规律的应用范围；

（3）针对非制冷型红外热像仪的感光及显影特点，研究了海面不同类型红外辐射源的辐射特点及衰减规律，并结合模式气象预报与运筹学方法进行综合分析评估。

当前，大型海洋船舶都已安装红外探测设备用于夜间和不良气象条件下的被动探测跟踪，在舰船操纵与避碰等方面发挥着巨大的作用。复杂气象条件是红外设备使用的很大障碍，研究海洋气象环境对红外探测系统使用的影响对于选择最佳航行时机、保证船舶航行安全具有重要意义。

1.3 国内外研究现状

1.3.1 红外辐射的建模仿真

2002年，东北电子技术研究所的付伟（2002）和吴兑等（2007）对当时世界上主流的红外传感系统进行了研究，指出红外搜索与跟踪系统所具有的独特优势是雷达等探测系统难以替代的。目前，海洋船舶基本形成了昼间采用可见光导航、夜间采用红外设备和雷达探测的基本格局。

在肯定红外探测系统的同时，蒋鸿旺（1985）也指出了其固有弱点：即易受天气影响，作用距离不及雷达远。刘大东（2007）在2007年从原理上对红外传感系统进行了深度分析，认为红外线和可见光在大气中传输受能见度和不良气象条件（如低云、降水和雾等）影响较大，同时也影响激光的传输，所以光电作用距离不如雷达远，只能在中、近距离上使用。无论是何种类型的红外传感器，在实际使用中都会受到云雾气象条件的严重干扰（戴永江，2002；吴兑，2009；Beynon，1980）。

从公开发表的文献检索情况看，现有的研究呈现仿真研究多、实测分析少，正常环境下研究多、复杂气象条件下研究少的特点。相关研究例如：哈尔滨工业大学杨春玲教授带领研究生王敬美进行了飞行场景和海洋场景的仿真研究，采用了Vega 场景仿真平台建立了红外探测器的噪声模型（王敬美，2009）。之所以选用仿真手段进行研究是因为“气候等测试条件的不可控制性，野外测试会耗费大量的时间和资源”；中国科学技术大学的张明明也做了类似的研究（张明明，2011），不过其进行的是复杂背景下空中目标的红外图像仿真，具体对象为掠海飞行的导弹，仿真环境为OpenGL，这也是大多数类似仿真所用的基本环境；南京航空航天大学的宋敏敏在吴平教授的指导下进行了红外系统作用距离与影响关系因素的研究，她从目标和背景的红外辐射特征、大气对红外辐射传输的影响以及红外探测系统自身性能三个方面，推导出以作用距离为未知量的最小可辨温差方程，并且考虑实际测量状况，即视觉特性、光学系统以及外界环境对最小可辨温差测量的影响，列举出了考虑前和考虑后两种情况下的作用距离表达式，然后以红外探测器Catherine-GP为例，选定测量目标，通过编程实现了这两种情况下探测距离的表达值（宋敏敏，2010），西安理工大学的李莹也做了内容几乎相近的研究（李莹，2011）。

仿真和良好气象条件下红外成像研究固然重要，但云雾天气作为一种客观存在的事物，是红外设备使用所回避不了的问题。对此，美国学者Bohren与Huffman（1983）对此早在1983年就有清醒的认识，他们认为空气中的杂质都会对红外传输造成影响；Milbrandt（2005）也认为空气中的大块水凝物一定会对红外谱线造成重要影响，对此，Van de Hulst（1957）早在1957年就在专著中做了系统论述。

在国内外的研究中，虽然没有权威的专门研究不同类型云雾对红外传感器影响程度的文献，但在相关领域却有一定研究基础。浙江大学理学院的刘海芹（2008）研究了在雾天气下红外图像清晰处理问题，介绍了基于自适应清晰化滤波器的红外图像清晰处理算法和基于红外大气传播模型对红外图像进行清晰处理算法；华中科技大学的余常斌等（2003）较早地进行了红外成像系统作用距离等效折算方法，主要根据空气中的水汽和温度、能见度三个指标做了实验，并根据实验结果进行了建模计算，文中的计算模型源自Marine在1991年提出的模型，对本研究有重要参考价值；在实测研究方面，南京邮电大学的吴永（2013）进行了光电设备的性能测试分析，特别指出，可用二氧化硅和氧化钽作为感光材料改进近红外辐射的透雾能力，实质上是拥有了更好的感光灵敏度；在定量测试方面，防化研究院的刘香翠等（2012）在烟幕条件下测定了红外衰减的消光系数；长春理工大学的杨柏春（2009）以辐射通量为突破口对红外辐射衰减的问题进行了测量，但遗憾的是文中始终没有提及在云雾条件下的数据；丁利伟等（2014）采用实验的方法研究了高速公路导引系统的透雾实验，并根据结果分别进行了总结归纳，是一项难得的研究，但实验条件是陆地雾，杂质多，瑞利散射强，与海雾衰减差别较大。

1.3.2 海雾中的红外辐射

早在20世纪二三十年代国际上就已经开始了云雾条件下电磁波传输

特性的研究，Stratton（1930）对雨、云和雾对短波传输的影响作了理论研究，提出了电磁波在任意材料的悬浮球状颗粒媒质中传播的原理。到40年代，Ryde（1947）进一步对水凝物的传播特性做了理论研究，并得到了许多可贵的经验和结论。

为了便于量化大气对毫米波系统的影响，Wallace（1988）总结了美国弹道实验室对35～217 GHz毫米波在近地面雨、雾、雪和高湿天气下传输的测量结果：雾、阴霾和云的衰减主要由水滴的吸收和散射引起，衰减量是水滴大小和密度的函数。Liebe等（1989）研究了微波和毫米波在阴霾、雾和云中的传播特性，由基于Mie散射定理Rayleigh吸收近似的复折射率推导出了雾对毫米波的衰减率和延迟率，建立了对应的衰减模型，此模型的温度适用范围为0～20℃。与Wallace（1988）的模型相比，该模型具有详细的大气物理参量和更高的精确度，为雾的电磁波衰减计算提供了行之有效的方法。Coulson（1989）和Eyre（1984）分别对红外成像在自然界尤其是在雾中的衰减做了科学解释并试图建立量化描述关系，相关结论被广泛引用于国内外相关论著。

在国内，有关红外衰减的研究主要集中在相关的科研机构，如西安电子科技大学等。1987年，中国科学院安徽光机所的宋正方、韩守春（1987）根据庐山云雾资料和青岛（海边沙滩实验）、黄山部分实测数据对砷化镓近红外辐射的衰减进行了研究，用实测数据对Koschmieder公式进行了适当改进，并进行了拟合验证，取得了较好的效果。但是，实验所用的雾滴谱较为粗糙，且云雾属性为高山云雾，云层均匀性和稳定性很差；2年后，饶瑞中、宋正方（1989）又专门对海雾进行了衰减研究，他们把雾滴粒度谱用Khrgian-mazin模型进行描述，量化地描述了雾滴的三个主要参数：密度、半径和含水量，用米氏散射理论处理雾对红外（中红外）辐射的消光和散射，研究结论是衰减系数在11 μm左右时达到最小值。此项研究是国内较早采用数学的视角和手段、用数值分析的方法进行的红外衰减研究，意义重大。

关于海雾对特定波长的红外射线能量衰减问题的研究，从公开发表的文献来看主要集中于相关的研究机构。2002年，中国电波传播研究所的赵振维等（2002）用gamma雾滴尺寸分布模型描述海雾，研究了10.6 μm波长的中红外辐射在平流雾中的衰减问题，并与可见光的衰减进行了对比，结论是可见光的衰减要大于红外衰减。此项研究是国内较早的对于特定波长的辐射衰减进行研究的论述，这与Vasseur（1996）、Deirmendjian（1984）的研究结果一致。

2009年，中国科学院大气成分与光学重点实验室（安徽合肥）的李学彬等（2009）用Junge谱、对数正态谱和gamma谱分别对雾气溶胶的分布特性做了拟合，并对可见光与红外线的消光特性做了对比分析，结论是当雾滴半径大于1 μm时用正态谱和gamma谱较为合适，雾滴半径小于1μm时用Junge谱较为合适。上述研究实际上是把Deirmendjian（1975，1984）提出的gamma谱又进行了修正；西安电子科技大学的李小平、刘彦明等近年来带领研究生对Ka频段的电波传输在雨中的衰减问题进行了研究（郭桓，2011；肖璐，2010），对红外辐射衰减问题的研究具有借鉴意义。特别是他们共同选择把ITU-R模型作为内陆地区雨滴拟合的最佳分布谱，具有一定的权威性。另外，周星里等（2011）和雷前召（2011）分别对电磁能量传输在雾、雨中的衰减进行了定量研究，具有一定参考价值。

2013年，宋博、王红星（2012）专门研究了雨滴谱的选择问题，他们采用理论分析与仿真分析相结合的方法，讨论了几种雨滴的谱分布特性，比较了几种典型雨滴谱模型下的光传输衰减特性，分析了雨滴尺寸分布在计算大气衰减时的差异。并通过与实测雨衰减数据进行比较，最终得到了L-P模型对大雨条件下的衰减计算较为准确，Joss 模型对小雨条件下的衰减计算较为准确的结论。

综上，受人类活动区域以及研究条件的局限，大多数的研究都是针对陆地和高山云雾，而陆地上人类活动复杂，空气中杂质较多，无论是光透过性还是成雾条件都与海上有着较大差别，这就决定了其雾滴谱的描述、光衰减的计算都可能有所不同。本研究通过海上试验以及理论推导，力图根据实测数据建立海雾的雾滴谱分布函数和红外衰减算法模型，并最终为红外衰减的正确评估提供依据。

1.4 相关名词概念

概念是研究问题的逻辑起点。为了便于研究与交流，应首先对本书涉及的相关概念及本书题目的内涵进行剖析，并对研究范围进行界定。

1.4.1 海雾条件

对于海洋船舶来说，雾是出现频率最高、船舶所受影响最大且最具有研究价值的自然现象。除雾之外，与红外和光学探测设备关系密切的是雨雪和冰雹天气。客观地讲，由于辐射传播的自然属性，海上较少发生冰雹天气，而在雨雪天气中，红外探测设备基本处于不可使用的状态。

海雾是指在海洋多种因素影响下生成于海洋表面的雾，本质上是大范围水汽的凝结。它能够使海洋表面的水平和垂直能见度显著降低，是主要的海洋气象灾害之一。由于雾滴的尺寸与中红外辐射波长相当，红外辐射在海雾中的传播将受到严重的散射衰减，致使红外传感器的探测效果受到严重影响，有时甚至不能发挥效能。

就海雾的性质来讲，可以分为平流雾、辐射雾和混合雾等，平流雾是暖湿空气移动到较冷海面时由于水汽过饱和而形成的雾，这种雾的特点是浓度大、厚度厚、水平范围广且持续时间长。据统计，我国沿海的平流雾具有明显的季节性特点，从南至北多发时间依次推迟，冬春季主要在南海，春夏季多发于黄、渤海。在平流雾的影响下，海上能见度不足1 km，水平绵延数百至上千千米，持续时间长达数天，是海上的主要灾害性天气，对红外传感设备的正常工作造成了严重影响。而辐射雾是由于夜间海面热辐射冷却而在清晨生成的雾，浓度和厚度小，持续时间很短，往往在日出后很快消散，混合雾是以平流雾为主兼有辐射雾的情况。因此，本书研究中所指海雾主要指海上平流雾。

1.4.2 红外传感器

红外传感器按照用途的不同大致可以分为两大类：制冷型与非制冷型。制冷型作用距离远，造价高，使用寿命短；非制冷型作用距离相对较小，造价低，使用寿命长。无论制冷型还是非制冷型，其工作原理基本一致：即热敏感红外传感器将红外线部分变换为热能，然后导致回路中电阻值变化并引起电动势的变化，从而输出不同的显示影像，核心元器件主要有菲涅尔滤光透镜与匹配低噪放大器等（“FLIR-F610E”红外设备技术说明书，2014）。其中，菲涅尔透镜是关键光学器件，主要有两方面的作用：一是聚焦，即将热释红外信号折射在热释电红外传感器上；二是分区显示，即将探测区内分为若干明区和暗区，使进入探测区的物体能以温度变化的形式形成显示信号。

根据黑体理论，当物体的温度低于1000 K时，其向空间辐射的能量以红外线为主，在红外谱线中，又以波长为3 ~ 5 μm与8 ~ 12 μm波段所受的大气衰减最小，所以早期船用红外探测器主要以这两个波段为主。另一方面，根据维恩定律，常温下辐射源（绝对温度为300 K ± 10 K）红外辐射能量的峰值波长也位于8 ~ 12 μm波段，近年来，随着传感器制造技术的不断提高，能敏感的目标逐渐由高温近红外辐射变化为中低温中远红外辐射，兼顾大气对于红外辐射的透射特性，设备制造上定型的产品多以8 ~ 12 μm波段为主。

1.4.3 探测能力

船用红外热像仪的探测能力，是指设备使用者在一定海洋环境下所能发现目标并能据此采取措施的最远边界。对视力正常的使用者来说，对于相同的探测目标，在不同的海雾条件下具有不同的最远发现距离；在同样的海雾条件，不同的设备使用者也可能有不同的体验，而相同的设备使用者又有对面状辐射源和对点状辐射源的不同。一般来讲，只要具有足够的红外辐射能量被红外传感器接收并在监视屏幕上显影且被使用者捕捉，就认为是具有可用的正常探测能力。

需要指出的是，只要满足阈值要求，红外热像仪具有非常灵敏的温度探测能力，能将温度的微小差别明显地在屏幕上进行显影区分。如图1.1所示，上图为红外热像仪显影，下图为肉眼可视影像，上图中船体分舱情况及龙骨位置清晰可辨。

图1.1　红外热像仪显影效果（8～12 μm波段）和肉眼可视影像

1.5　本书结构

本书共分6章进行研究论述。除绪论及总结与展望以外，其余5章为本书的主体部分，这五章又分为海雾对红外辐射能量衰减的物理基础、海雾对8～12 μm波段红外辐射的衰减、海面常见目标8～12 μm波段红外辐射及衰减、海雾的数值模拟、海雾条件下船用红外热像仪探测能力评估等。各章节具体关系如图1.2所示。

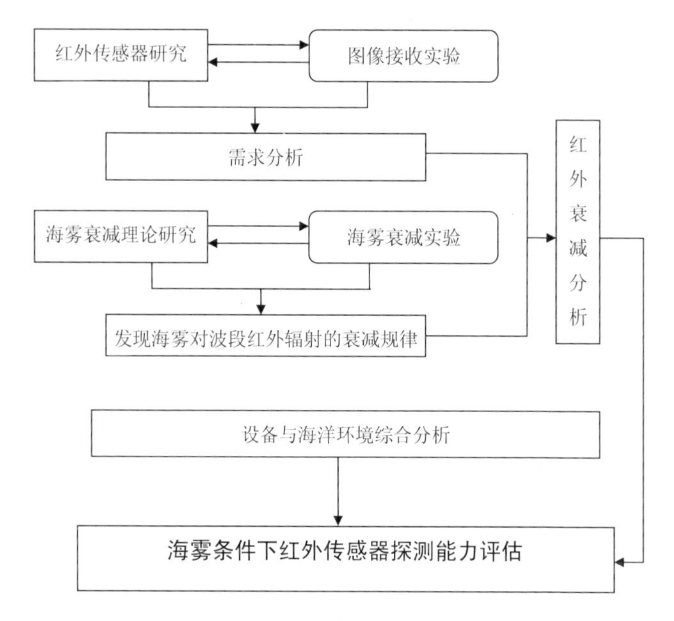

图1.2　本书的组织结构图

1.6　本章小结

本章首先阐述了本书研究的背景、研究的意义；其次对国内外研究现状进行了分析；然后对相关概念进行了剖析和界定，尤其是对“海雾条件”“探测能力”进行定义，既深入剖析了本书题目的内涵，又界定了本书研究的内容；最后，阐述了本书研究的主要内容、思路及本书的组织结构。

第2章　海雾对红外辐射能量衰减的物理基础

任何设备的工作都处于一定的环境之中，依赖于环境条件发挥作用并受其制约，是既对立又统一的两个方面。船用红外热像仪作为一种船用设备，复杂的海洋环境是其天然的工作背景。对于船用红外探测设备来说，海雾是发生频率最多、最常见、影响最深的海洋气象环境之一，也是本书研究的主要对象。

2.1　红外辐射及其衰减原理

任何物体，只要温度高于绝对温度0度（即−273.15℃），它就会不断地向周围进行电磁辐射。物体的自发辐射，在常温下主要是红外辐射。红外辐射俗称红外线或红外光，它是肉眼看不见的光线，具有强烈的热作用，故也称为热辐射。红外辐射具有与可见光等其他波段的电磁波相同的物理性质，具有波粒二象性。

与其他形式的能量一样，红外辐射能量的度量，也具有统一的表示方式，通常把红外辐射的能量用Q来表示，单位为J（焦耳）。红外辐射的功率，亦即单位时间内辐射源辐射或被受体感知并吸收的红外能量，用P来表示，单位是W（瓦），即J/s（焦耳/秒）。在实际研究中，为了表征不同辐射体的辐射特征，又常用辐射强度I（W/sr，瓦/球面度）来表示点辐射源的辐射大小，用辐射亮度L（W/m^2，瓦/平方米）来表征面辐射源的辐射大小。一般来讲，当传感器与目标距离大于辐射源本身直径10倍以上时，可以认为是点辐射源。

与可见光相比，红外辐射的特殊性在于其波长较长，具有明显的衍射特性。同时，其光子能量与构成物质的分子、原子热运动的能量大致相同，更容易被吸收和反射。根据不同波段的光波特性，在红外光谱学中，一般将红外波段分成近红外、中红外和远红外三个波段，具体划分如下（李莹，2011；黄天祥，1986）：

近红外波段：0.8 ~ 2.5 μm；

中红外波段：2.5 ~ 30 μm；

远红外波段：30 ~ 1000 μm。

尽管红外辐射普遍具有更好的穿透性，但在自然大气中传播时，红外能量受到空气介质成分影响将会严重衰减。经实验测定，在不同波段上，大气对红外辐射的衰减程度各不相同，某些波段的红外辐射相比较于整个红外波谱具有良好的透射特性，形成了所谓的“大气窗口”。经实验测定，在红外波谱中，大气透射率最高的部分主要集中在三个波段，分别为1 ~ 2.5 μm、3 ~ 5 μm和8 ~ 12 μm。这三个波段是大气选择性吸收的透射窗口，也是室温物体红外辐射主要的峰值波段，因而也常常是多数红外传感器的主要工作波段。

但是，即使在所谓的“大气窗口”，红外辐射能量在复杂的海空介质中传播时也会产生衰减，使画面模糊，甚至不能用来指示目标。在光学研究中，产生这种衰减作用的光学过程主要有吸收和散射两类。

2.1.1　介质对红外辐射的吸收

空气分子对红外辐射波的吸收，可以用P_A（Absorption）来表示，微光学研究中，空气介质对红外辐射的吸收主要有以下三种形式（黄天祥，1986）。

（1）光电效应。当一个红外光子与原子碰撞时，有可能把它的全部能量交给一个轨道电子，使这个电子脱离原子核的束缚，这个电子叫光电子。电子在原子核里结合得越紧，因光电作用逃逸的概率就越大，所以光电子大都来自内层轨道电子。同时，红外辐射光子因为本身能量产生了损失，导致了频率的变化，波长已经变得不能被相应的传感器探测到。

根据光电效应截面公式，波长较长、能量较低的红外光最容易发生光电效应。

（2）康普顿效应。康普顿效应是入射光子和原子中的某个电子的弹性作用。当光子作为一个粒子与电子碰撞时，其结果是光子把能量的一部分交给了电子，自己改变了能量和方向飞出，能量的改变对应着频率的改变。

根据康普顿效应截面公式，中等能量的光子发生康普顿效应的概率较高。

（3）电子对的形成。光子在原子核附近，只要光子的能量大于2个电子的静止质量，则光子就有可能形成正负电子对，而光子本身则整个地消失了。如果是在轨道电子的库伦场中，则需要有大于4个电子的静止质量才可能形成正负电子对。

根据相关公式，当光子能量极高时，以电子对产生为主。

综上，空气中各成分气体分子对红外辐射的吸收，以光电效应为主，而具有光电效应的空气介质分子，主要为所含的水分子和二氧化碳分子，所以，空气对本波段红外辐射的吸收，主要来自空气中的水汽和二氧化碳。至于空气中的氮气、氧气和其他微量气体，实验结果表明，只有在非常长的传播路程中才会有明显的吸收作用，通常情况下可以忽略不计。

2.1.2 介质对红外辐射的散射

当红外辐射在电导率不为零的非均匀介质（如各种气溶胶）中传播时，除了介质分子对红外能量的吸收作用外，溶胶颗粒对于红外波将产生明显的散射。散射是指电磁波通过某些介质时，入射波中一部分能量偏离原来传播方向而以一定规律向其他方向发射的过程。空气气溶胶粒子对红外辐射光波的散射，本质上就是红外光子与空气悬浮粒子多次碰撞后传播的方向发生了变化。散射并不发生能量的转化，只是使得红外能量散布的范围更加扩大和无序，不同红外波长在海雾中的散射衰减规律并不完全相同，对于中红外波段辐射在海雾中的散射衰减，主要以米氏散射为主，对于散射衰减，用P_S（Scattering）来表示。根据相关测量，在本书研究的波段，在较强海雾条件下，1海里距离上散射衰减的能量是空气成分吸收能量的10倍以上。

如图2.1所示，如果在均匀介质（干洁空气）中掺入一些大小为红外波长数量级且杂乱分布的颗粒物质（雾滴），它们的折射率与周围均匀介质的折射率不同，原来均匀介质的光学均匀性遭到破坏，这就是散射产生的根本原因。可以看出，红外辐射经过多次散射后，传播方向不断发生变化，最终仅有少部分能量穿过介质进入传感器。

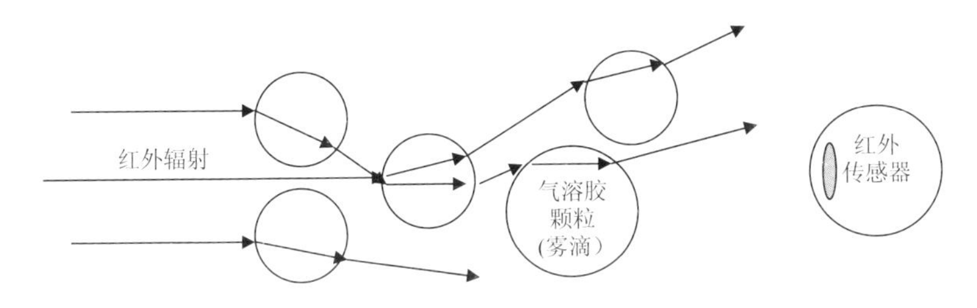

图2.1　海雾雾滴对红外辐射散射示意图

经散射后透射光的强度与颗粒的大小、数密度特征及颗粒折射率紧密相关。

2.1.3　红外辐射在空气介质中的透射

红外辐射能量经过一定距离的气溶胶（如海雾）介质的传播，除了吸收和散射的部分以外，可以认为能够被传感器感知，是传感器进行显影识别的能量基础，可以把这部分能量称为透射P_P（Penetration）。这样，总的入射辐射能量$P = P_A + P_S + P_P$。

如果用P_A/P表示介质吸收的辐射功率与入射总功率之比，称为介质的吸收率，用α来表示；用P_S/P表示介质散射的辐射功率与入射总功率之比，称为介质的散射率，用β来表示；用P_p/P表示最终透射的辐射功率与入射总功率之比，称为介质的透射率，用τ来表示，这样，$\alpha + \beta + \tau = 1$。

如果不考虑空气中的液态水和固态水，仅在考虑水汽与二氧化碳（空气中主要的红外能量吸收成分）的情况下，在本课题研究红外波段，大气平均透射率与可降水分毫米数具有如表2.1与表2.2所示对应关系（不在表格内的其他数据可由内插获得）。

可降水分毫米数用来表征一定光程的介质绝对含水量的多少，用ω来表示，其计算公式为（王海晏，2014）

$$\omega = H_\alpha H_r R \tag{2.1}$$

式中，H_α表示一定温度的空气相对湿度为100%时，每千米的可降水量；H_r为当时实际的空气相对湿度；R为以千米计的光程。

表2.1　大气平均透射率与等效海平面水汽含量关系（8～12 μm）

可降水分毫米数	0.2	0.5	1	2	5	10	20	50	100	200
透射率	0.97	0.99	0.98	0.97	0.95	0.85	0.73	0.48	0.22	0.06

二氧化碳对特定波段红外辐射的吸收较为稳定，但也随着水汽含量的变化出现浮动，具体透射率如表2.2所示。

表2.2　大气平均透射率与等效海平面二氧化碳含量关系（8～12 μm）

可降水分毫米数	0.2	0.5	1	2	5	10	20	50	100	200
透射率	0.99	0.99	0.99	0.99	0.98	0.95	0.91	0.83	0.74	0.64

由表2.2可见，二氧化碳只有在水汽含量巨大时才会有明显的强吸收。

综上，根据大气中水汽含量的季节与温度变化规律，考虑到海面空气湿度的特殊性，在冬季，天气晴朗、能见度良好的情况下，红外辐射每千米的透射率约为0.9，夏季每千米的透射率约为0.8。

2.2　海雾结构分析

海雾是海洋表面大气中的水汽凝结现象，是海洋最常见的自然现象之一。我国沿海的海雾具有明显的季节性特点，每年的海雾多发时间从南至北依次延后，南海为2—4月，东海多在3—7月，黄海、渤海为4—8月，海上平流雾浓度大、厚度厚，严重阻碍着各类波长辐射的传播（周立佳等，2005）。

通过理论和实验研究，人们发现雾滴谱可用来描述雾滴大小及数密度的分布规律，这也是研究雾微物理结构的重要途径。雾滴谱中包含大量的信息，在数值计算上既可以方便地代入运算求解，又可以根据雾滴谱参数与含水量等指标的关系间接求出诸如能见度、对各类辐射的衰减等指标。在国内外大量的关于雾滴谱的研究中，大陆雾占了绝大多数，对海雾微物理结构的研究相对较少。

在气象科学研究的过程中，对海雾微物理结构的研究起步相对较晚，就世界范围来说，美国和日本走在前列。美国在20世纪70年代开始用仪器研究海雾的组成和消光特性，研究地点主要在夏威夷诸岛（Eldridge，1961），以至于后来专门进行了海洋与气象联合试验（CEWCOM-1976）；日本在同期也有一些资料公开，结果较为复杂，从后来的研究数据看，似与大陆雾未加区分，在谱结构的诸多参数方面跨度较大；英国在20世纪80年代中期开展了针对海雾的“Haar”研究计划；而加拿大于2006年开展了针对海雾结构研究的FRAM计划等（Jindra Goodman，1977）。

1983年，王彬华（1983）的专著《海雾》在海洋出版社出版发行，标志着我国海雾研究开启了新纪元。随后，针对海雾的微物理结构，先后有多篇研究发表，按时间先后顺序有南京大学大气科学系的杨中秋等（1989）对东海海域海雾的研究、青岛海洋大学海洋环境学院的徐静琦等（1994）对黄海海雾的实验和中国气象局广州研究所的黄辉军等

（2008）在茂名地区进行的时间跨度长达两个月的海雾实验。以上研究中，使用的主要设备均为“三用滴谱仪”，它根据惯性沉降原理制成，海雾雾滴直接沉降在涂有油层的玻璃片上，显微照相后，读取雾滴的大小和个数，使用效果如图2.2所示。

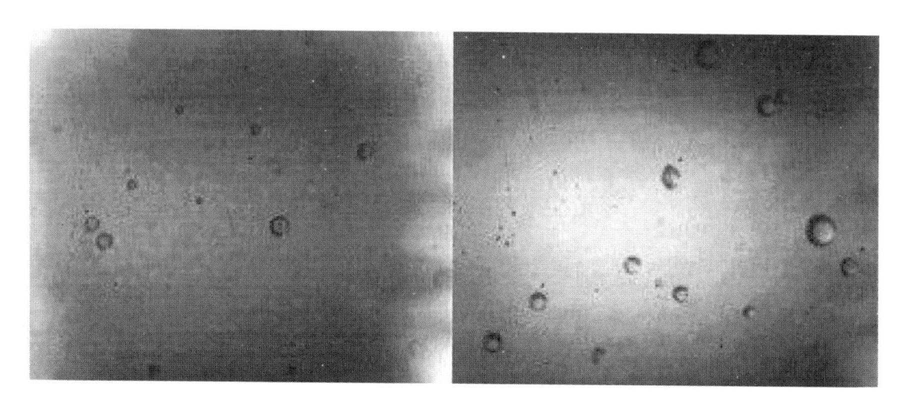

图2.2　显微镜下雾滴形状和数目（黄辉军，2008）

由于在海雾微物理结构方面直接测量手段存在着各种弊端，随着仪器科学技术的发展进步，近年来，光电测量技术广泛应用于各类设备，出现了对各类气溶胶结构进行间接测量的设备，基本原理就是利用不同的气溶胶体对激光的不同散射而制成，通过测量经散射后的激光束特性而反向推知气溶性胶体的物理结构。

2.2.1　浓厚型海雾

对海雾微物理结构进行研究，主要就是确定雾滴谱中与之相关的重要参数，分析其含水量、雾滴粒子粒径大小数目和能见度等基本特点。根据能见度所表征的雾强度的不同，中央气象台将雾分为特强浓雾（能见度小于50 m）、强浓雾（能见度50～200 m）、浓雾（能见度200～500 m）、雾（能见度500～1000 m）和轻雾（能见度1000～

10 000 m）五大类，在本书中，把前三类归为浓厚型海雾、后两类归为一般性海雾来区别对待。

在前述实验中，杨中秋、徐静琦研究所述均属于浓厚型海雾。青岛徐静琦实验时间跨度最短，且从其取样的标本特征来看，应该是一次辐射雾的过程。由于取样时间短，标本数量有限，所以海雾参数跳跃性大。比如，在其论文表1的观测数据中，在几乎同样的能见度与雾滴半径下，观测时间相差一天，雾滴浓度从平均10个/cm^{3}突然跃升到105.7个/cm^3，两天之后，能见度达到2500 m，而雾滴数浓度基本未出现明显变化，青岛海雾实验最大的着重点是详细研究了能见度在100 m以下的浓雾含水量，较为精确地测量了数值，而这在另外两次试验中均未有详细资料。在其论文的表2中，徐静琦测量的海雾含水量为：当能见度为30 m时，含水量平均为0.16 g/m^3；当能见度为100 m左右时，含水量平均为0.10 g/m^3；当能见度300 m左右时，含水量骤然下降为0.02 g/m^3；当能见度大于1000 m左右时，含水量几乎降为0。

从上述实测结果来看，这是一次生消速度极快的浓雾过程，应该属于辐射雾或蒸发雾的特性，正好与另外两项研究形成互补。对于雾滴粒子直径和数浓度，实验报告则体现出了两种极端现象。粒子直径一直恒定在4～5 μm之间，粒子浓度却体现出了巨大的波动。至于这种情况出现的原因，作者也进行了分析，如采样困难、捕捉系数小、吸水纸太厚反应不灵敏等，总之雾过程的短暂和样本容量的不足共同导致实验结果的偏颇。

1985年4—5月间，杨中秋等在浙江舟山海域进行了为期44天的海雾观测实验，共采集有效海雾标本128个。此次实验突出特点有两个：一是平均能见度集中在400 m左右，属于浓厚型海雾；二是把大陆雾与海洋平流雾区别对待且详细加以论述。此次观测主要结论如下：

（1）海洋平流雾平均数密度为31个/cm^3，明显低于大陆雾的48个/cm^3；

（2）海雾雾滴平均直径为18 μm；

（3）含水量平均为0.10 g/m^3。

图2.3为根据其拟合的雾滴谱画出的数密度分布图。

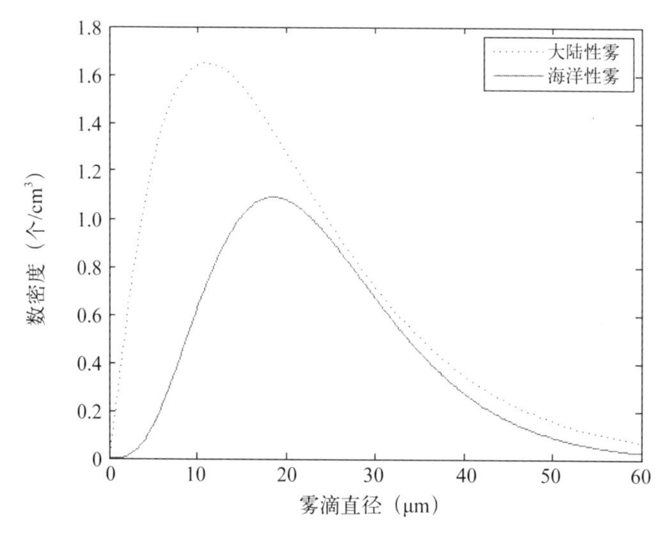

图2.3　能见度为400米的大陆性雾与海洋性雾雾滴谱（杨中秋，1989）

此次海雾实验是一次对海上典型平流雾的成功观测，详细给出了舟山春夏季平流雾的微物理结构参数，并根据实际观测数据拟合出了雾滴的谱分布密度函数。根据杨中秋等人的观测记录，海雾雾滴直径在10～40 μm范围之间的数目占比为88%。

2.2.2　一般性海雾

2007年3—4月间，中国气象局的黄辉军等为了弥补不同海区海雾数据的不足，在广东茂名海滨进行了大量的观测实验，与前两次观测的最大不同之处也是此次观测的最大特点就是此次海雾能见度为1000 m，属于一般性海雾。观测的主要结论如下：

（1）海雾平均数密度为57个/cm^3，平均含水量为0.02g/m^3；

（2）雾滴的平均直径为4.7 μm，90%以上数目的雾滴直径小于5 μm，雾滴谱符合Junge分布规律。

图2.4为根据其提供的谱函数画出的雾滴谱，可以看出，在此能见度下，海雾的粒径分布相当集中，谱线十分陡峭。此项实验是应用激光测量设备的首次实验，虽然测量地点也是设在距离海岸150 m的海岛上，并强调说无明显障碍物遮挡，但毕竟印证了茂名实验的观测结果，有理由相信：在能见度为1000 m量级的海上平流雾，其微物理结构也属于类似于大陆雾的Junge分布规律。

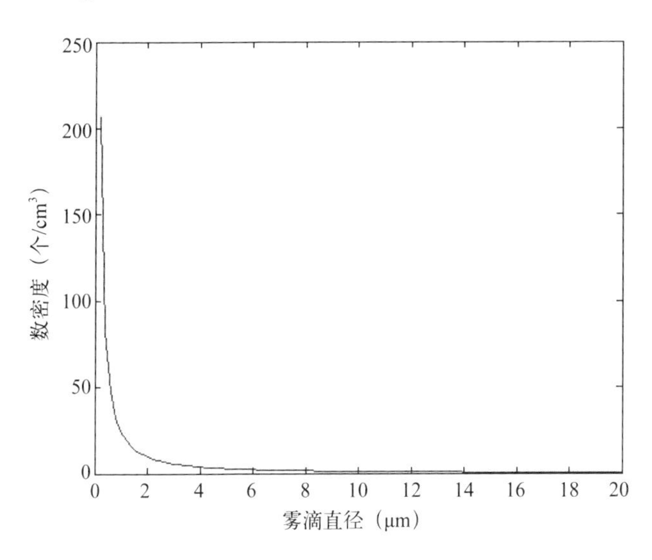

图2.4　能见度约为1000 m的海雾雾滴谱（黄辉军，2007）

黄辉军等在茂名近海进行的观测实验在性质上属于轻雾观测实验，实验地点选择在距离海岸50 m的陆地，虽然距离海洋不远，但也可能影响到海雾的分布参数。海岸多为岩石，比热较低，温度变化往往较大，可能会无形中影响到雾的生消过程。

2010年3月，南京信息工程大学气象灾害省部共建重点实验室的张舒婷等（2013）在南海的湛江海域进行了一次海雾观测实验，此次观测全程使用最新的全自动观测设备，包括FM-100型海雾滴谱仪和VPF-730型能见度测量仪，观测时段为3月12日至4月19日，正好是南海的海雾多发季节，海雾平均能见度1000 m左右。主要结论如下：

（1）海雾微观结构符合Junge分布，且进行了数据拟合，给出了拟合函数；

（2）雾滴直径主要集中在2～8 μm区间，峰值直径5.6 μm，拟合优度0.96。

图2.5即为其描点与拟合情况，*D*为雾滴直径，拟合谱分布雾滴数密度*n*(*D*)的函数为：

$$n(D) = 24.3D^{-1.33} \tag{2.2}$$

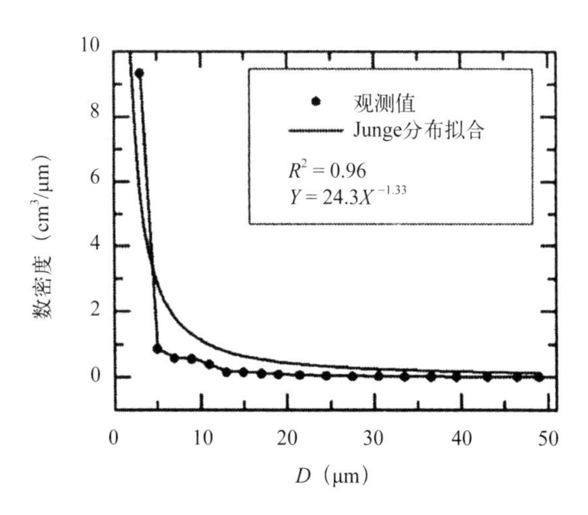

图2.5　能见度为1000 m的海雾雾滴谱观测描点与拟合（张舒婷，2010）

张舒婷等在湛江海域观测海雾属于能见度为1000 m以上的一般性海雾，在谱分布上属于单峰集中型，但谱宽较宽，应该属于持续较长时间的平流雾。实验报告显示，雾滴直径主要集中在4～9 μm，尺寸较大的雾滴密度分布变化不大，粒径大于10 μm的雾滴实际上很少，雾滴谱为典型的Junge分布（又称为幂指数分布）。

2.3　海雾雾滴谱

海雾气溶胶胶体颗粒的粒径大小和单位空间内的数密度情况，可用一个二维的雾滴谱函数来直观表示。针对海雾雾滴分布的特点，1963年，科学家Khrgian和Mazin用式（2.3）表示海雾雾滴谱，称为Khrgian雾滴谱（王鹏飞，李子华，1989）。

$$n(r) = \mathrm{A}r^2\mathrm{e}^{-\mathrm{B}r} \qquad (2.3)$$

式中，$n(r)$为某一特定粒径粒子的数密度；r为雾滴半径；A与B均为常数，不同的组合对应不同的海雾结构。此模型自提出以来被广泛引用，成为表征大气气溶胶微物理结构特点的成熟模式。

在这种滴谱结构下，谱线下方面积即为海雾全部粒径的溶胶粒子数密度N：

$$N = \int_0^{\infty} n(r)\mathrm{d}r = \frac{2\mathrm{A}}{\mathrm{B}^3} \qquad (2.4)$$

平均半径$r_{\mathrm{m}}(\mu m)$可由下式求得：

$$r_{\mathrm{m}} = \frac{1}{N}\int_0^{\infty} rn(r)\mathrm{d}r = \frac{3}{\mathrm{B}} \qquad (2.5)$$

含水量W（g/m^3）可由下式求得：

$$W=\int_0^{\infty}\frac{4}{3}\pi r^3\rho n(r)\mathrm{d}r=0.226\frac{\mathrm{A}}{\mathrm{B}^6}\times 10^{-3} \quad (2.6)$$

式中，ρ为水的密度，式（2.6）中取$\rho=1\ \mathrm{g/cm^3}$代入计算，而能见度V（km）可由下式求得：

$$V=4.3\frac{r_{\mathrm{m}}}{W}=0.026\frac{\mathrm{B}^5}{\rho\mathrm{A}} \quad (2.7)$$

例如，在杨中秋所观测浓厚型海雾中，其雾滴谱可拟合为：

$$n(r)=0.57r^2\mathrm{e}^{-0.33r} \quad (2.8)$$

事实上，张舒婷实验结果所拟合的海雾幂指数分布模型也可由Khrgian雾滴谱拟合表示，根据其海雾雾滴粒径特点，其谱函数可由式2.9表示：

$$n(r)=52r^2\mathrm{e}^{-1.5r} \quad (2.9)$$

雾滴数密度与粒径对应关系如图2.6所示。

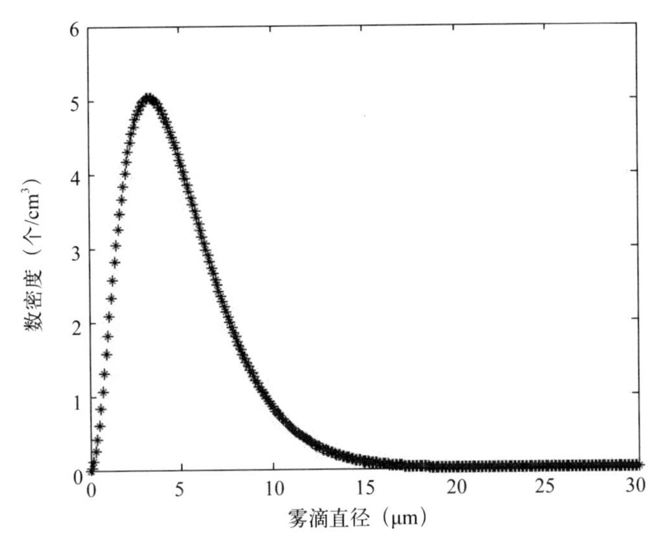

图2.6　能见度为1000 m的海雾雾滴谱的Khrgian拟合

通过与图2.5对比可知，Khrgian拟合与Junge拟合在关键点上十分相似，如峰值都在5 μm左右，而在直径大于10 μm的部分数密度均不足1个/cm^3，在数学上，Junge拟合在靠近原点时计算结果为无穷大，这明显与事实不符。

2.4　海雾观测实验

在2016年7月21日，用中国珠海欧美克仪器有限公司生产的DP-02型滴谱仪在黄海北部海区进行了海雾观测实验，并依靠仪器实时进行自动化结构分析。DP-02型滴谱仪根据散射光能的分布推算被测颗粒的粒度分布，可以输出粒度分布表、粒度分布曲线、平均粒径、比表面积等多项指标，其具体参数见表2.3。

表2.3　DP-02型滴谱仪性能参数表

工作原理	利用颗粒对光的散射现象，根据散射光能的分布推算被测颗粒的分布		
测试范围	1～1500 μm	独立探测单元	48
重复性误差	<3%	光源	He-Ne激光器
测试时间	1～2 min	工作环境	温度：5～35℃，湿度<80%
输出项目	粒度分布表、粒度分布曲线、平均粒径、比表面积等		

2.4.1　成雾海洋气象条件分析

每年的7月份是中纬度海洋性温湿气团最为活跃的时期，每年的这个时期，在中高纬度海域，暖湿性海洋气团一旦侵入到较冷的高纬度海洋表面，极易形成稳定的平流雾。整个中国东部沿海地区被强大的太平洋高压控制，尤其是在黄海、渤海地区，等压线近乎与经线平行，形成了典型的“东高西低”型配置，等压线稀疏，风力风向稳定，入海的高压后部稳定的偏南风从海上带来暖湿空气，又适逢气压场稳定，海洋表面气团变化缓慢，在我国的辽宁、吉林和黄、渤海海域形成了大范围的平流雾天气，并深入内陆影响到沿岸地区。

从当日的卫星云图（图2.7）可以进一步看出，我国东南部为高压控制的晴空区，东北及蒙古为大片云系覆盖，说明西太平洋高压势力稳定强大，其西北部的西南暖湿气流为黄海、渤海的海雾形成及维持发挥了重要作用。

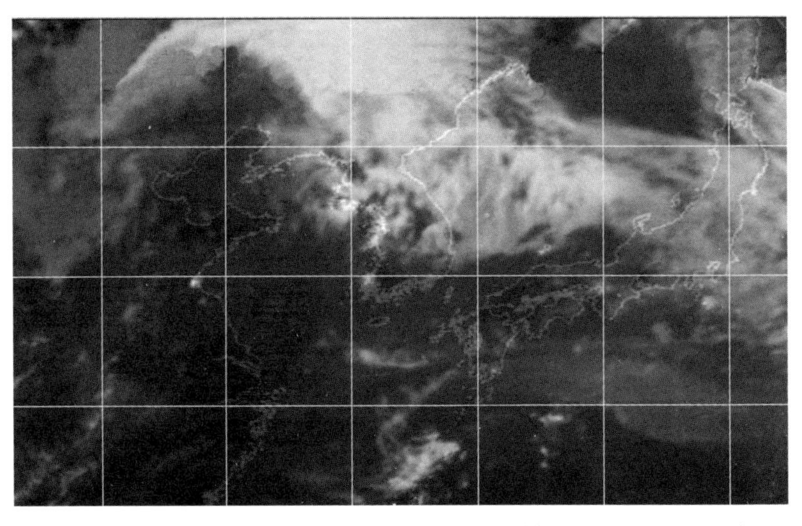

图2.7　2016年7月21日13:00时东北亚卫星云图（中央气象台官方网站）

2.4.2　本次海雾实验过程及相关措施

在这种大范围的海雾环境下，在大连市老虎滩附近，距海边200 m、高度为22 m的楼顶观测平台进行了一次海雾的观测与分析实验，取得了第一手的观测资料，与已有的观测资料结合共同作为本研究的基础。

根据气象预报信息，在2016年7月21日上午11时，进行了一次准备较为充分的海雾观测实验，并对观测结果进行了自动化分析，以期能与已有观测资料对比印证。从当日的全国能见度实况图（图2.8左）可以看出，在辽东半岛南部、黄海北部海区，即实验所处区域能见度不足1000 m。从现场图片（图2.8右）也可以看出，设备周围被雾气所笼罩，500 m左右的山峰已模糊不清。

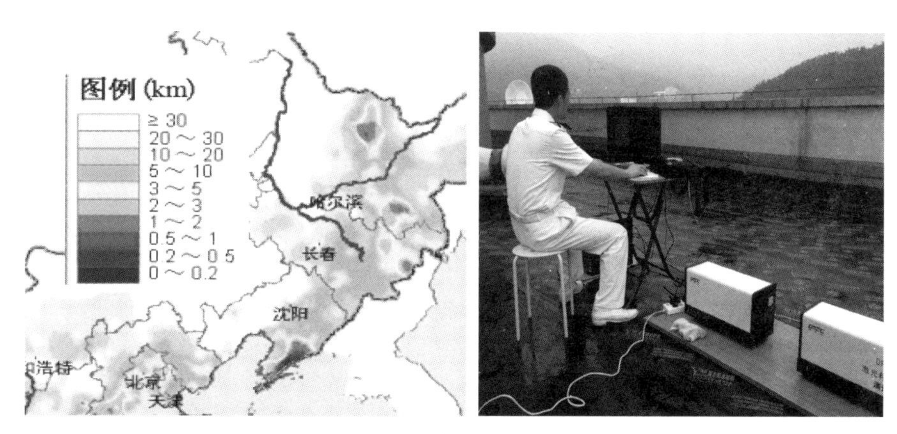

图2.8 2016年7月21日11:00时能见度实况图（左）与海雾实验现场（右）

为保证海雾实验的有效性，满足滴谱仪对海雾观测的基本要求，在观测现场采取了以下几方面措施。

（1）掌握好时机，尽量在海雾浓度稳定时进行观测；

（2）使用较长的电源线，使实验设备完全浸入海雾环境之中；

（3）保持现场空气流场的稳定，减少人员走动；

（4）滴谱仪工作时需要短期净空仪器之间的空间，采用适当的技术措施来满足。

经过专业操作人员的协助，7月21日上午9时，仪器安装调试完毕，9时30分开始能够输出有效的观测数据，此后海雾状态基本未出现明显变化，至11时40分实验结束。

2.4.3 海雾实验数据分析

在长达3个小时的观测中，由于海雾浓度变化不大，实验设备输出结果较为稳定，对海雾进行了连续的多次观测并记录，以下为具有代表性的10分钟内4次观测结果。

从图2.9及更加详细的分析结果可以看出，90%的雾滴直径小于2 μm，直径在1.00 ~ 1.43 μm之间的雾滴占了总数的42.38%，直径在1.43 ~ 1.71 μm之间的雾滴占了总数的45.65%，两项之和为88.03%，实验结果与2010年湛江张舒婷等的海雾观测数据（Junge分布）基本吻合。

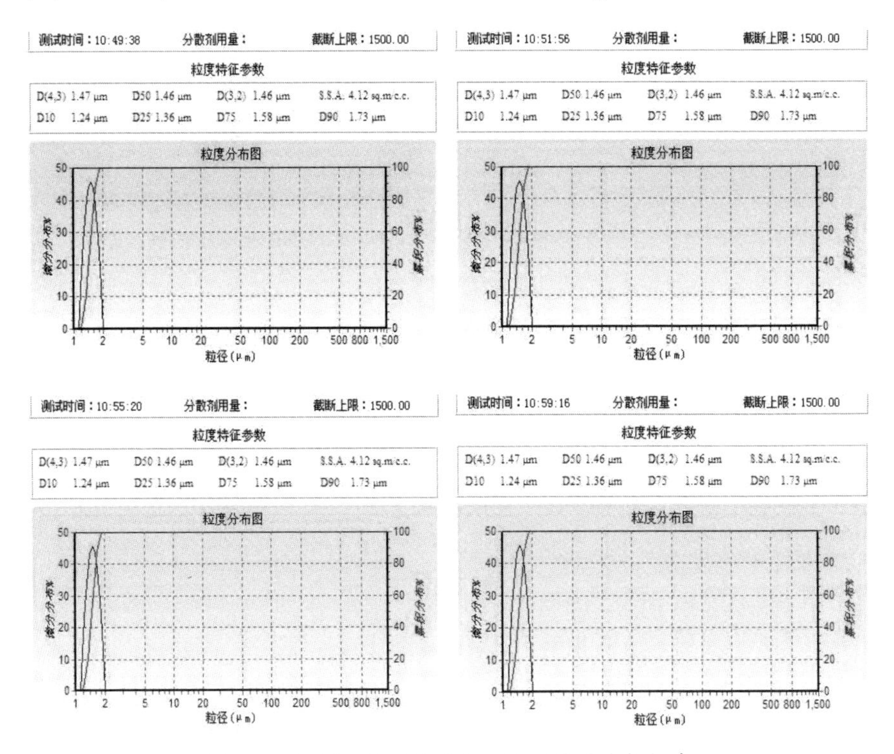

图2.9 2016年7月21日10:49-10:59海雾分析报告

2.5　本章小结

本章首先从已有资料的分析入手，总结归纳了不同能见度海雾的微物理结构，尤其是含水量、雾滴谱分布与能见度的关系，并综合多方资料进行了拟合。结论是海雾含水量与能见度基本呈单调相关，但并非线性关系，在粒径分布上，浓雾基本呈现“大而少、不太均匀集中”的特点，中雾则呈现“小而多、均匀集中”的特点，最后通过具体海雾实验验证了已有分析，掌握海雾的基本微物理结构是开展海雾条件下红外热像仪探测能力研究的基础。

第3章　海雾对8～12 μm波段红外辐射的衰减

红外热像仪探测目标的波段红外辐射能量经过一定光程才能到达探测器，在传播的过程中必然受到传播介质的衰减。以船用红外热像仪为例，海面空气中的水汽、二氧化碳以及常见的海雾雾滴等都会对红外辐射产生衰减作用。在能见度良好的情况下，海面空气对本研究波段红外能量传播的衰减不大，定量计算也简单易行，因此被称为“窗口波段”；但是，在海雾条件下，尤其是在能见度不足千米的海雾中，红外辐射的穿透能力将明显降低，海雾造成的散射能量是相同距离上空气吸收能量的10倍以上，成为影响船用红外热像仪正常工作的主要因素。

3.1　衰减计算的物理模型及其优化

当前，大部分红外传感器的工作波段都集中在8～12 μm波段，在海雾微物理结构已经确知的情况下，可以根据相关的光学公式计算求得特定波段内红外辐射的衰减程度。根据入射光波波长与气溶胶粒子粒径大小的相对关系，散射衰减的计算可以分为瑞利散射、米氏散射和漫散射三种形式。

3.1.1　米氏散射理论

为描述雾滴粒子尺寸与红外辐射波长的关系，本书引入尺度参数的概念（A. R. 杰哈，2004），定义尺度参数

$$\chi = \frac{2\pi r}{\lambda} \tag{3.1}$$

式中，r为雾滴半径；λ为红外波长。根据德国物理学家Mie（米耶，又称米氏散射）在1908年建立的Lorenz-Mie理论，当$0.1<\chi<50$时，即红外辐射波长跟气溶胶粒子尺寸相差无几时，入射辐射能量的衰减以米氏散射为主（孙成禄，1989）。

1908年，德国物理学家、光学家米氏散射从散射矩阵的理论出发，建立了全面的米氏散射理论，用以定量计算入射光能量的散射衰减（A. R. 杰哈，2004）。在散射能量的计算上，米氏散射理论的核心是根据气溶胶粒子的尺寸与折射率，求出粒子群的消光系数Q_{ext}，然后，由密度谱积分求得介质整体衰减。

根据米氏理论，如果把雾滴看作各向同性的球形粒子，在仅考虑散射的情况下，红外辐射在特定波段上每千米的衰减程度可用式（3.2）计算求得（单位为dB/km，分贝/千米）：

$$A(\lambda) = 4.134\times10^{-3}\times\int_0^{\infty} Q_{ext} n(r) r^2 \mathrm{d}r \tag{3.2}$$

式中，$n(r)$为海雾雾滴谱。

式（3.2）中，消光系数Q_{ext}是积分计算的核心参数，根据米氏散射核心公式：

$$Q_{ext} = \frac{2}{\chi^2}\sum_{n=1}^{\infty}(2n+1)(|a_n|^2+|b_n|^2) \tag{3.3}$$

式中，a_n、b_n为米氏散射系数，是求解消光系数的关键要素，但其求解过

程却异常艰辛复杂。

为了说明米氏散射系数的计算过程，首先从单个粒子的散射模型开始。

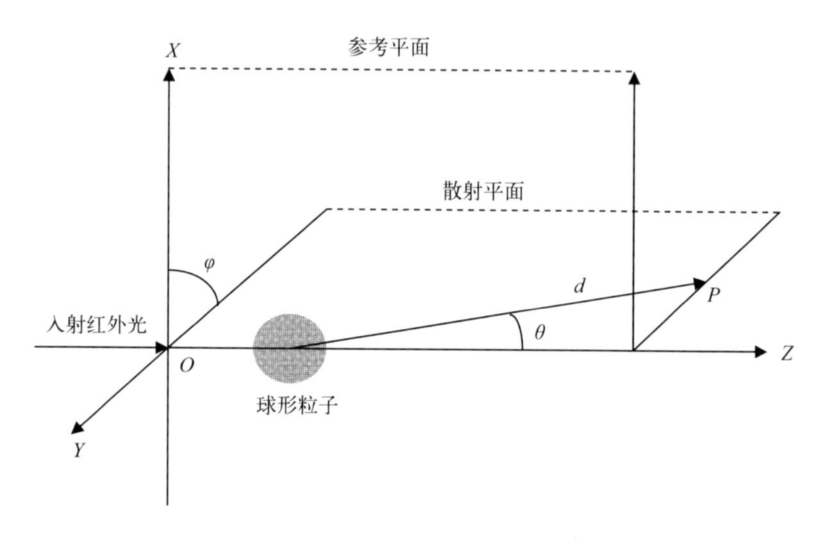

图 3.1　球形海雾雾滴的米氏散射示意图（Michael I，2013）

如图3.1所示，红外波沿着Z轴正方向入射，入射光与散射光的夹角为散射角θ，P点为观察点，由入射光线与散射光线确定的平面称为散射面，XOZ平面为参考平面，两个平面的夹角为散射方位角，观察点P与粒子中心的距离为d，则点P处的光强可表示为（魏海亮，2015）：

$$I(d,\theta,\varphi)=\frac{\lambda^2 I_0}{4\pi^2 d^2}\left[i_1(\theta)\sin^2\varphi+i_2(\theta)\cos^2\varphi\right] \tag{3.4}$$

式中，I_0为入射光强；$i_1(\theta)$与$i_2(\theta)$称为散射强度函数，分别表示平行与垂直于散射面的光强，可用复振幅函数进一步表示如下：

$$\begin{cases} i_1(\theta)=\left|S_1(\theta)\right|^2 \\ i_2(\theta)=\left|S_2(\theta)\right|^2 \end{cases} \tag{3.5}$$

复振幅函数$S_1(\theta)$与$S_2(\theta)$由式（3.6）、式（3.7）来表示：

$$S_1(\theta)=\sum_{n=1}^{\infty}\frac{2n+1}{n(n+1)}\left[a_n\pi_n(\cos\theta)+b_n\tau_n(\cos\theta)\right] \tag{3.6}$$

$$S_2(\theta)=\sum_{n=1}^{\infty}\frac{2n+1}{n(n+1)}\left[b_n\pi_n(\cos\theta)+a_n\tau_n(\cos\theta)\right] \tag{3.7}$$

上述两式中，$\pi_n(\cos\ \theta)$、$\tau_n(\cos\ \theta)$为散射角分布函数，其递推关系为：

$$\pi_n=\frac{2n-1}{n-1}\cos\theta\pi_{n-1}-\frac{n}{n-1}\cos\theta\pi_{n-2} \tag{3.8}$$

$$\tau_n=n\cos\theta\pi_n-(n+1)\pi_{n-1} \tag{3.9}$$

而a_n、b_n即为米氏散射系数，计算公式为：

$$a_n=\frac{\psi_n^{'}(m\chi)\psi_n(\chi)-m\psi_n(m\chi)\psi_n^{'}(\chi)}{\psi_n^{'}(m\chi)\zeta_n(\chi)-m\psi_n(m\chi)\zeta_n^{'}(\chi)} \tag{3.10}$$

$$b_n=\frac{m\psi_n^{'}(m\chi)\psi_n(\chi)-\psi_n(m\chi)\psi_n^{'}(\chi)}{m\psi_n^{'}(m\chi)\zeta_n(\chi)-\psi_n(m\chi)\zeta_n^{'}(\chi)} \tag{3.11}$$

式中，m为构成雾滴的液态（海）水的复折射指数；ψ_n、ζ_n的表达式为：

$$\psi_n(x)=\sqrt{\frac{\pi x}{2}}\cdot J_{n+0.5}(x) \tag{3.12}$$

$$\zeta_n(x)=\sqrt{\frac{\pi x}{2}}\cdot H^{(2)}{}_{n+0.5}(x) \tag{3.13}$$

此外，$J_{n+0.5}(x)$、$H^{(2)}{}_{n+0.5}(x)$分别是半奇阶的第一类Bessel函数和第二类Hankel函数。

可见，关键因子a_n、b_n包含于微分Bessel函数的表达式中，极其不易于数值计算，特别是其固有的迭代相关属性，愈加增加了求解难度。比如，在迭代方向上，有向上迭代与向下迭代；在实现方式方法上，有矩阵形式与多项式形式等。但无论采取何种迭代求解方法，在工程实践上都十分困难，这是运用米氏理论进行衰减求解的主要困难。

3.1.2 米氏计算公式的优化

Lorenz-Mie理论虽然具有极高的数值精确性，但核心数值米氏散射系数需要层层迭代求解，限制了其使用的灵活性。正是由于上述原因，在实际工程应用中，最好能够找到一种较为简捷高效的替代方法，使得既能提高计算求解效率又满足一定的准确性指标。

为达到这样的目的，针对所研究的红外波段较窄的特点，在对多部权威著作和红外实验进行综合分析的基础上，发现消光系数具有一定的区间分布规律，可以充分利用其特定波段的区间规律进行优化计算。

根据3.1.1节的分析，当今主流红外设备的工作波长（8 ~ 12 μm）已经与雾滴尺寸相差无几（魏合理等，1997），通过式（2.2）、式（2.3）分析可知，对于浓厚型海雾，近九成的海雾雾滴半径集中分布于5 ~ 20 μm之间，而对于一般性海雾，均有近八成的海雾雾滴半径集中分布在1.5 ~ 7 μm之间，也就是说，无论对于何种类型的海雾，其对应的尺度参数χ集中分布在4.5 ~ 12之间，这是本书衰减研究的主要区间。

根据Lorenz-Mie理论的共同创始人、美国科学家Mishchenko等（2013）封装于互联网的计算程序，在不考虑吸收的情况下，若以纯水的折射率m（复折射指数的实部，本例中取m = 1.3）代入计算，消光系数与雾滴尺度参数的关系如图3.2所示。在大河的入海口或者雾滴凝结核没有盐粒时，海雾雾滴可以近似看作纯水，其折射率为1.3（周万福, 罗双玲，2013）。

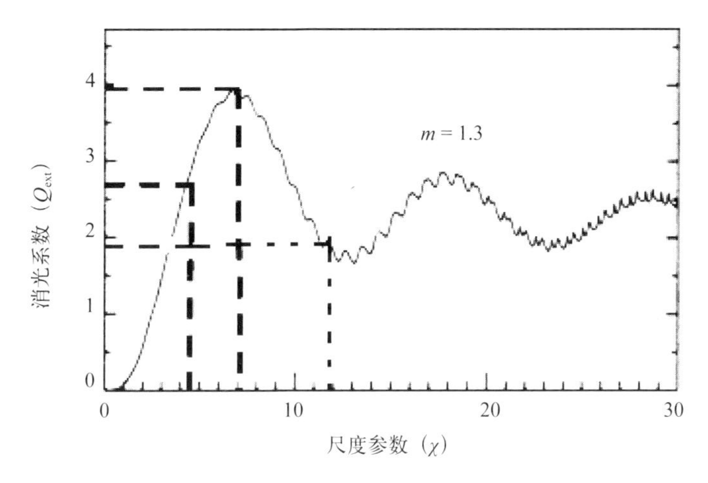

图3.2　纯水雾滴的消光系数与尺度参数关系图

可以看出，研究区间内消光系数大致呈抛物线变化，区间最大值为4，对应的尺度参数为7，起始点坐标分别为（4.5，2.7）和（12，1.8）。在浓厚型海雾中，尺度参数主要分布于（9，11）区间，对应平均消光系数为2.7；在一般性轻雾中，尺度参数主要分布于（4.5，5.5）区间，对应平均消光系数为3.2；综合考虑区间曲线形态特点，如果对所选区间函数按照二次曲线进行拟合，得平均消光系数为3.37。

考虑到近海面海雾的实际情况，根据吕绪良等（2004）的研究，海雾雾滴凝结核主要为海盐核，核化过程为异质核化。由于浪打礁岸、航行激波、鱼类呼吸、台风过境等，海洋表面浅水中会出现大量气泡，气泡上升膨胀破裂造成水屑飞散于水面之上，这时，水分蒸发，其中所含的盐分便随风飘散，成为空中盐核。据统计，每年全球海面产生的盐粒约为3×10^{11} kg，据相关实验测定分析，当海雾含水量为0.2～0.5 g/m^{3}时，Cl^-含量为0.1～1 g/m^3，对应食盐含量0.17～1.7 g/m^3，由此可以推测，海雾雾滴为饱和食盐水（王鹏飞, 李子华，1989；陈佑淑, 蒋瑞宾，1988）。相关研究显示，常温条件下，浓度为20%～25%的食盐水的折射率m均为1.4。当m = 1.4时，消光系数与尺度参数之间具有如图3.3所示对应关系。

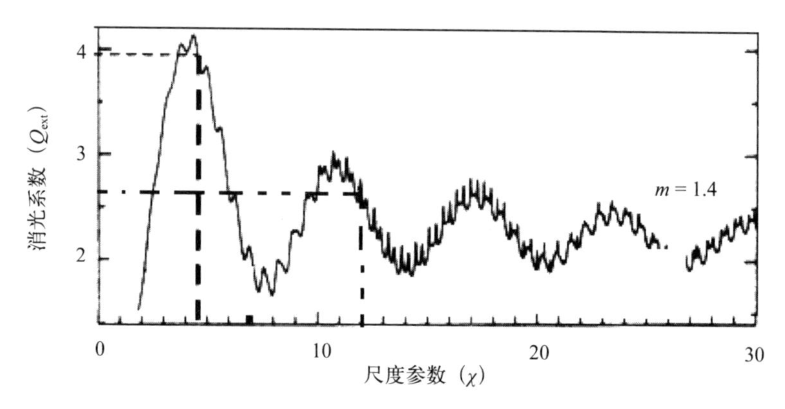

图3.3 饱和盐水雾滴的消光系数与尺度参数关系图

可以看出，在含盐核的海雾条件下，研究区间内消光系数基本也呈具有微小波动的抛物线变化，区间最大值为4，最小值为1.8，具有两个“波峰”，浓厚型海雾对应平均消光系数为2.6，一般性轻雾对应平均消光系数为3.1；在本区间内，如果不考虑消光系数的微小波动，把变化曲线按照平滑的抛物线进行拟合，可得平均消光系数为2.5。

可见，在同样的雾滴谱下，有盐雾滴对8～12 μm波段的散射衰减要明显小于纯水雾滴。由式（2.5）和式（3.2），可以推导出在有盐和无盐条件下，单位距离上（每千米）波段红外辐射衰减与含水量的关系如下。

有盐条件下，按照浓厚型海雾的消光系数推算的衰减强度A（dB/km，分贝每千米）与海雾含水量W（g/m^3）的关系为：

$$A = 452\ W \tag{3.14}$$

以一般性海雾消光系数推算的衰减强度A（dB/km）与海雾含水量W（g/m^3）的关系为：

$$A = 378\ W \tag{3.15}$$

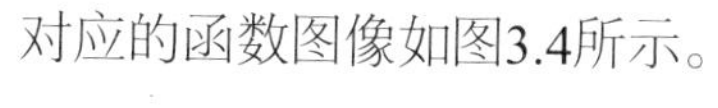

对应的函数图像如图3.4所示。

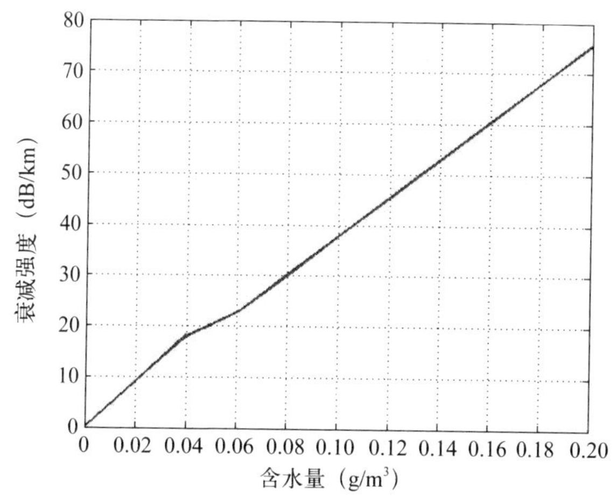

图3.4　海雾雾滴为饱和盐水的8～12 μm波段红外辐射衰减强度曲线

在纯水的条件下，浓厚型海雾与一般性海雾的衰减强度与含水量的关系相应依次为：

$$A = 522\ W \tag{3.16}$$

$$A = 436\ W \tag{3.17}$$

对应的函数图像如图3.5所示。

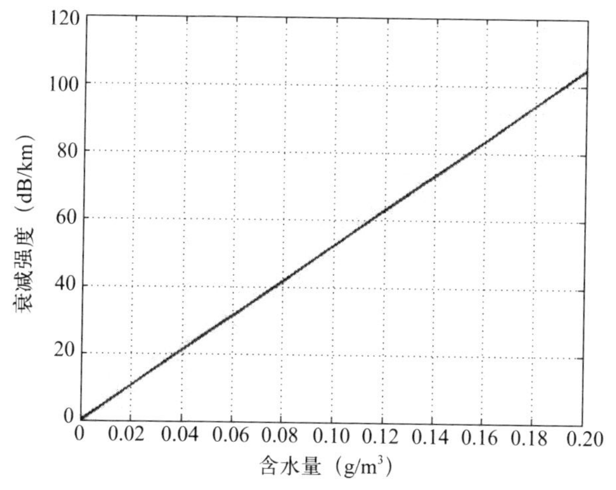

图3.5　海雾雾滴为纯水的8～12 μm波段红外辐射衰减强度曲线

从图3.4 与图3.5所示两条衰减强度曲线可以看出，海雾含水量越多，红外衰减就越剧烈。实际上，对于大多数的红外传感器来说，聚焦成像对电磁波的相位波动并不敏感，所以，只要衰减后的辐射功率满足最低阈值，船用红外热像仪即可正常工作（邸旭, 杨进华，2015）。图3.6所示为2016年9月22日21时37分东海某岛礁区两个方向上的红外成像，可以看到，远处的高山、灯塔，天空的白云和海面的景物与白天观测时成像几乎没有区别[81]，说明红外热像仪的正常工作受昼夜、海空背景的影响不大，这也是宋敏敏（2010）、李莹（2011）等共同的研究结论。

图3.6　晴朗天气下暗夜中的红外成像

3.2　散射衰减的经验模型研究

在研究海雾对光辐射的衰减规律时，除了根据已有的权威物理光学公式进行计算以外，还有一种建立在长期“经验”之上的拟合公式，称之为经验模型。这种模型来源于大量的实际观测，通过分析实验数据建立海雾能见度、含水量和衰减程度之间的关系，较之物理模型更具有实际指导意义。另一方面，对于物理模型，虽然在理论上较为严谨，但是，实际海雾雾滴的谱结构往往不易获知，更不易预报，而且随时间空间的变化还出现较大不同，而含水量、能见度这些宏观指标能够方便获知和预报，所以，经验模型也是进行海雾衰减分析的重要手段。

3.2.1　海雾衰减经验模型

海雾散射衰减经验模型的核心参数是衰减系数μ，单位为km^{-1}，在经验模型中，在距离L km处，红外辐射的透射率可表示为（Eldridge，1961）：

$$\tau = \exp(-\mu L) \tag{3.18}$$

1975年，科学家Deirmendjia（1975）提出了衰减系数的求解方法

$$\mu = \frac{3.912}{V}\left(\frac{0.55}{\lambda}\right)^{q} \tag{3.19}$$

其中，q为与能见度相关的波长修正因子，随后，Kin等（2001）又提出了在海雾能见度小于6 km时的计算方法：

$$q = \begin{cases} 0.16V + 0.34, & 1 < V < 6 \\ V - 0.5, & 0.5 < V < 1 \\ 0, & V < 0.5 \end{cases} \tag{3.20}$$

根据经验，海雾能见度V与含水量W之间的关系为（Eldridge，1971； Turk at el., 1998； Bendix，1995）：

$$V = 0.085W^{-0.61} \tag{3.21}$$

在不同区间内的对应关系如图3.7所示。

综合式（3.19）至式（3.21），如果以本书所研究波段的平均波长代入计算，可得海雾衰减系数与能见度的关系为：

$$\mu = \begin{cases} \frac{3.912}{V}\left(\frac{1}{20}\right)^{(0.16V + 0.34)}, & 1 < V < 6 \\ \frac{3.912}{V}\left(\frac{1}{20}\right)^{(V - 0.5)}, & 0.5 < V < 1 \\ \frac{3.912}{V}, & V < 0.5 \end{cases} \tag{3.22}$$

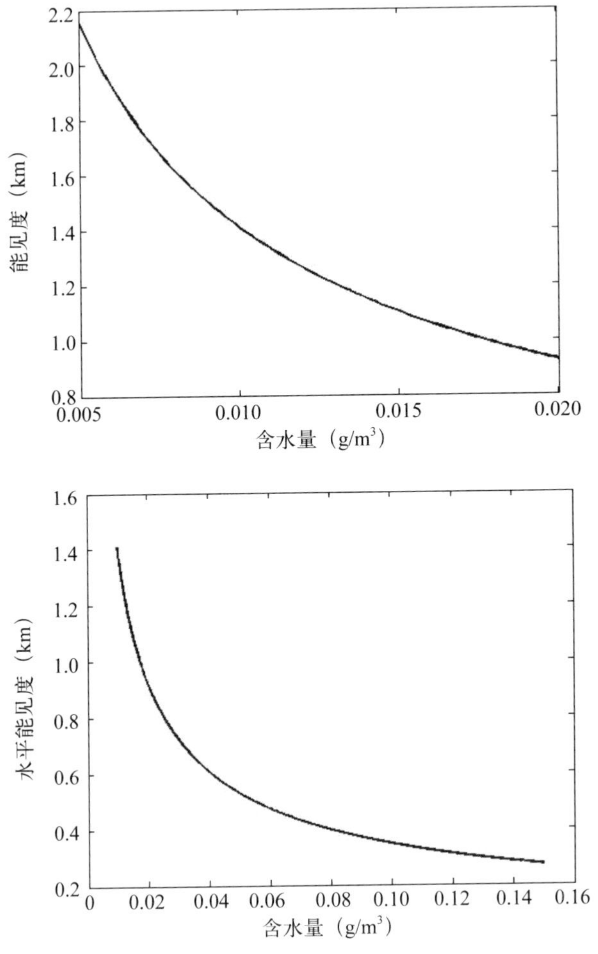

图3.7　海雾含水量与能见度的对应关系

可见，经验模型对衰减系数进行了分段化讨论，体现了经验公式的精细化特征和实验拟合的特点，具有一定的实践指导价值。

3.2.2　海雾衰减经验模型与理论模型的对比分析

在数值气象预报产品中，海雾含水量信息一般较为容易获取，海雾能见度信息往往根据含水量信息间接获得（Jindra Goodman，1977），所以，在经验模型中，有必要分析透射率与含水量的关系。

根据式（3.21），当海雾能见度为0.5 km时，对应含水量约为0.08 g/m³，当含水量大于此值时，每千米的红外透射率与含水量的关系为：

$$\tau_{经验1} = \exp(-46W^{0.61}) \tag{3.23}$$

而在有盐海雾下根据物理模型计算所得的每千米的红外透射率为：

$$\tau_{物理} = 10^{-45.2W} \tag{3.24}$$

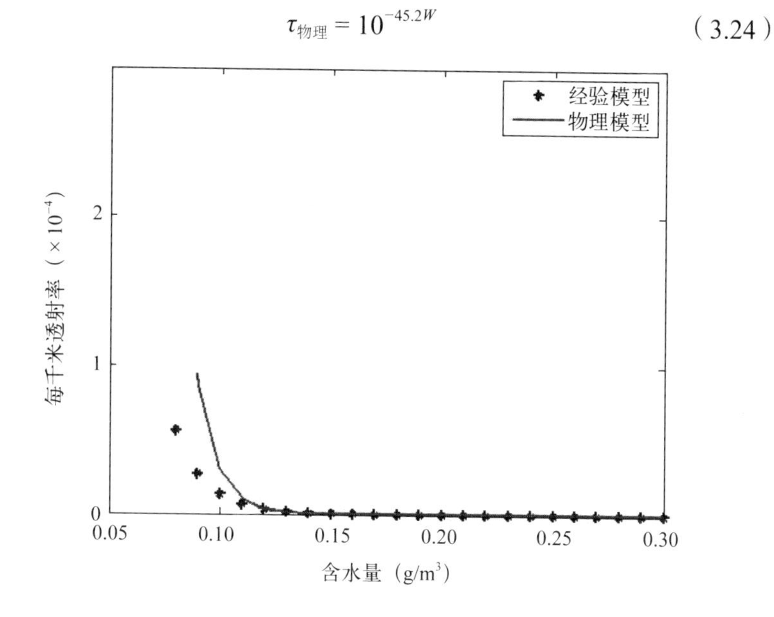

图3.8　波段红外辐射在海雾能见度小于500 m时的经验模型与物理模型每千米透射率曲线对比

两者的对比曲线如图3.8所示。可见，经验模型的计算结果略小于物理模型，但在同一数量级，当能见度不足500 m时，无论根据何种模型计算，每千米的红外透射率均不足万分之一。

根据式（3.21），当海雾能见度为1 km时，对应含水量约为0.015 g/m³，当海雾能见度在0.5～1 km（对应含水量为0.08～0.01 g/m³）时，经验模型的每千米透射率计算公式为：

$$\tau_{经验2} = \exp\left(-46W^{0.61}20^{0.5-0.085W^{-0.61}}\right) \tag{3.25}$$

在此区间内，经验模型与物理模型计算结果如图3.9所示。

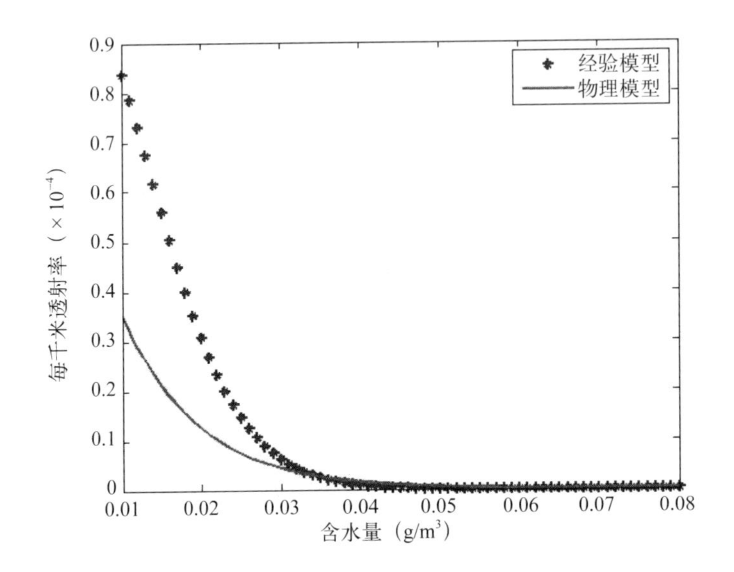

图3.9　波段红外辐射在海雾能见度为500～1000 m时的经验模型与物理模型每千米透射率曲线对比

可见，在此区间内，经验模型的透射率大于物理模型，当海雾含水量小于0.04 g/m³（对应能见度600 m）时，红外透射率均接近于0。

当海雾能见度大于1 km时，对应含水量小于0.015 g/m³，经验模型下每千米的红外透射率为

$$\tau_{经验3} = \exp\left(-46W^{0.61}20^{-0.34-0.0136W^{-0.61}}\right) \tag{3.26}$$

而在有盐海雾下根据物理模型计算所得的每千米的红外透射率为

$$\tau_{物理} = 10^{-37.8W} \tag{3.27}$$

在此区间内，经验模型与物理模型计算结果如图3.10所示。

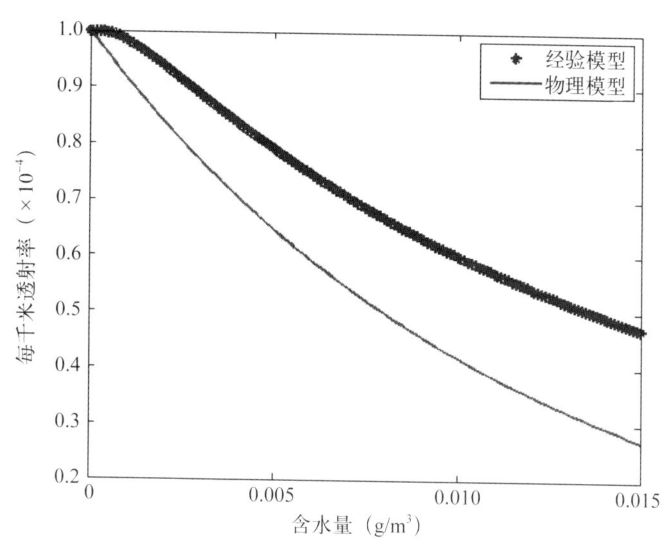

图3.10　波段红外辐射在海雾能见度大于1000 m时的经验模型与物理模型每千米透射率曲线对比

3.3　本章小结

本章从红外辐射的基本概念和计算度量方法入手，讨论了8 ~ 12 μm波段红外辐射的特点，尤其是在大气传播过程中衰减的原因，即在海雾条件下，其散射衰减是红外能量损失的主要原因。在此之后，重点对海雾条件下红外辐射衰减计算的米氏散射定律和经验衰减模型进行了研究。在对米氏散射定律进行研究时，明确了计算求解的主要困难，并结合区间数值规律提出了优化计算办法；在对经验模型进行研究时，分三种情况讨论对比了经验模型与米氏物理计算模型的数值特点，结果显示：除了在能见度不足500 m的特浓海雾中，经验模型的透射率均略优于物理模型。

第4章　海面常见目标8～12 μm波段红外辐射及衰减

对于船用红外热像仪来说，只有海面目标的波段红外辐射能量经过衰减以后仍旧足以使热像仪显影，船用红外探测器才能正常工作，否则将不能用于目标指示。而红外传感器的探测目标，主要是海面航行或锚泊的船舶以及夜间发光航标。在辐射体性质上，两类辐射体分别对应面状红外辐射源与点状红外辐射源。在距离较远时（探测器与目标距离为目标本身尺寸的10倍以上），船舶也可看作点状辐射源。

海面上的面状辐射源（主要指海洋船舶）与点状辐射源（主要指发光航标）具有不同的辐射特点与计量方法，必须分门别类进行归纳研究。

4.1　海洋船舶（面状目标）的波段红外辐射及衰减

红外辐射能量在传输过程中会存在一定程度的衰减，海洋船舶作为一类重要的探测目标，红外传感器能否对其有效探测取决于其辐射能量的大小及衰减的强弱，这都依赖于建模和定量计算来解决。

4.1.1　理论分析

根据普朗克黑体辐射定律，在人体体温或常温条件下，黑体辐射的光谱辐射度主要分布在3～15 μm波段，因此，大多数红外传感器的工作波段均集中于此。海洋船舶在广阔的海洋表面执行各种任务，年平均环境温度可视为300 K左右，根据维恩定律，峰值波长也集中在中红外区域（任海霞，任海刚，2007）。红外辐射建模必须根据特定红外辐射的具体特点，从接收与发射两方面考虑科学建模。

4.1.1.1　海洋船舶红外辐射特点

根据红外辐射定量求解计算的一般做法，当传感器与辐射源的距离大于辐射源直径的10倍时，在辐射数值计算上可按照点辐射源进行处理（赵振维, 吴振森，2002）。但是，根据当前船用红外热像仪的作用距离以及式（3.2）的分析，当能见度为600 m时，每千米的红外透射率已经基本为零，能见度为1000 m时，每千米的透射率为0.5～0.6，所以在海雾条件下，船用红外热像仪的有效探测距离应在10倍船体长度以内或者相差无几，尤其在较浓海雾条件下，作用距离将更加有限，不能以点状辐射源视之。另一方面，船舶作为一个体积庞大结构复杂的实体，由于大多数船舶仍然使用燃油动力，导致船舶排烟部位与甲板以上其他部位温度相差悬殊，在计算上必须区别对待，这也是看作面状辐射源的重要原因。

4.1.1.2　建模需求分析

定量计算的目的是能够客观反映辐射体波段辐射特点并适合高效快捷的计算，根据黑体辐射理论，侧面辐射定量计算模型须满足以下要求（肖璐，2010）。

（1）能够得到平行光束参量。在红外衰减计算的经典理论中，无论是瑞利散射还是米氏散射，其计算的输入量都是平行光束。所以，如果能够使模型的输出为平行光束能量参数，将可直接使用光辐射衰减理论进行计算。

（2）能够体现不同方位辐射的不同。根据热成像原理，无论热像仪使用何种类型的透镜和感光器件，能否实现成像显示的关键在于入瞳能量的大小。在辐射源状态和物象距离不变的情况下，传感器所能接收到的入瞳辐射能量与目标方位紧密相关。

（3）便于快速准确计算。无论建立何种模型，计算求解必须快速可靠，要求快速就需要在计算形式上不能过度烦琐，在参量选取上务求简捷；要求可靠就需要在计算理论上经得起推敲，具有坚实的数理支撑。

4.1.2 海洋船舶红外辐射的类朗伯源特性研究

在黑体辐射研究中，根据辐射源表面的光滑程度，可将辐射源分为表面光滑的镜面辐射源和表面粗糙的漫辐射源两大类。至于海洋船舶，当从不同角度观察船舶时，并不会感到亮度的明显变化，说明船舶在可见光范围内是一个漫反射源（Owrutsky J C et al., 2000）。可以推断，船舶侧面在8 ~ 12 μm波段的红外辐射也应该具有同样的特征，海洋船舶侧面辐射的这种特点，符合红外辐射体中朗伯（Lambert）辐射源的大部分特征。

假定海洋船舶侧面辐射具有朗伯辐射特性，则其辐射强度分布规律为

$$I_\alpha = I_0 \cos \alpha \tag{4.1}$$

式中，I_0为表面法线方向的辐射强度；α为辐射方向与法线方向的夹角，I_α为特定方向的辐射强度值。平面朗伯源向半球空间内辐射的总功率为（王海晏，2014）

$$P = \int_\Omega I_0 \mathrm{d}\Omega \tag{4.2}$$

式中，$\mathrm{d}\Omega$为特定辐射方向的立体角。如果引入方位角φ（图4.1），则侧

面辐射总功率可由以下积分求得：

$$P=\int_{\varphi}\int_{\alpha}I_0\cos\alpha\sin\alpha\mathrm{d}\alpha\mathrm{d}\varphi=\pi I_0 \tag{4.3}$$

式中，φ与α的积分范围分别为$0\leqslant\varphi\leqslant 2\pi$与$0\leqslant\alpha\leqslant\frac{\pi}{2}$，实际上，朗伯辐射源平面即为海洋船舶的侧面，与理想的朗伯源模型相比，辐射的空间恰好为理想空间的一半，对于投向海面以下的辐射，根据菲涅尔定律及入射、折射与反射能量分布的相关研究，当光由光疏介质射入光密介质时，在入射角小于45°时绝大部分能量将被介质吸收，而不断波动着的海面可被看作是表面“无限粗糙”的黑体，从理论上推断，波段红外辐射可认为被完全吸收，特定方向上辐射功率的计算仍应遵守式（4.2）、式（4.3）所示规律。

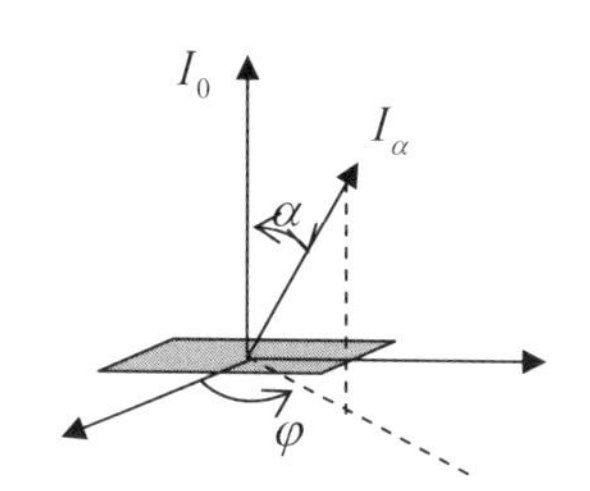

图4.1 朗伯源的辐射强度分布

4.1.2.1 海洋船舶侧面辐射的总功率

以上假设如能成立，则应能获得实测数据的支撑。在黑体辐射研究领域，普朗克黑体辐射公式统一了维恩公式和瑞利–金斯公式，对于全波段辐射均具有良好的适应性（王海晏，2014）。根据普朗克公式，在特定的温度下，黑体在特定波长λ处辐射亮度可表示为$M(\lambda, T)$，T为绝对温标。普朗克黑体辐射公式积分形式非常复杂，为了快速计算，工程上常用相对辐射度来快速求解。相对辐射度表示的是某个波段的辐射出射度在全波段辐射中所占的百分比，定义为（王海晏，2014）：

$$F(\lambda,T)=\frac{\int_0^{\lambda} M(\lambda,T)\mathrm{d}\lambda}{\sigma T^4} \tag{4.4}$$

式中，σ为玻尔兹曼常数，值为$5.67\times10^{-8}\ \mathrm{W\cdot m^{-2}\cdot T^{-4}}$，$T$为绝对温标，这样，波段的红外辐射亮度便可以表示为：

$$M_{(\lambda_1\sim\lambda_2)}=[F(\lambda_2,T)-F(\lambda_1,T)]\sigma T^4 \tag{4.5}$$

式中，λ_2、λ_1分别为所取红外波段的上限与下限波长。然后，整个船舶侧面波段红外辐射有效功率P_{cm}便可表示为：

$$P_{\mathrm{cm}}=\sum_{i=1}^{n} M_i S_i \varepsilon_i \tag{4.6}$$

式中，M_i、S_i、ε_i分别表示不同温度区域的波段黑体辐射亮度、面积和发射率。

4.1.2.2　海洋船舶任意方向辐射的功率

根据朗伯辐射源特点，船舶侧面法向（正横方向）波段红外辐射亮度为：

$$I_0=\frac{P_{cm}}{\pi} \tag{4.7}$$

根据4.1.2节的分析，如果投向海面方向的辐射能量完全被无限粗糙的海面吸收，不会对海面以上的辐射造成影响，根据朗伯辐射源辐射特征，则任意成像方向上红外辐射功率可表示为：

$$P_\alpha=\frac{P_{\mathrm{cm}}\cos\alpha}{\pi}=\frac{P_{\mathrm{cm}}\cos\theta}{\pi} \tag{4.8}$$

式中，θ为目标方位与目标航向之间的夹角，范围为$0\sim90^{\circ}$。本书中，由于红外作用距离一般不超过15 km，故认为传感器与目标连线位于同一水平面之内。

4.1.2.3　水面特定方向和距离的物象功率

在特定距离R处，只考虑左（右）舷侧面辐射的物象功率为：

$$P_{w}=P_{\alpha}\tau\frac{\pi D^{2}}{4R^{2}}=\frac{P_{cm}\sin\theta\,\tau D^{2}}{4R^{2}} \tag{4.9}$$

式中，τ为光学系统透射率；D为入射光瞳的直径。根据3.1.2节的分析，对非制冷型红外成像系统来讲，目标成像感光显影对光波的波动相位不敏感，只要入瞳功率到达一定阈值即意味着可以进行成像显示。

4.1.3　海洋船舶红外辐射算例

根据式（4.4）、式（4.5），按相对辐射度计算法计算可得在300 K时黑体辐射的波段辐射度为138 W/m^2，在500 K时黑体辐射的波段辐射度为921 W/m^2，这两个温度基本能代表主船体和采用降温处理技术后的现代船舶排烟部位的平均温度。可见，随着温度的升高，黑体的辐射度急剧增加，这也是在船舶红外成像中高温排烟部位亮度陡增的原因。

根据王海晏（2014），船舶外船体钢板在300K时发射率为0.44，在400～600 K时发射率稳定在0.38，在这样的前提下，常见海洋船舶在8～12 μm波段的侧面辐射功率见表4.1。

表4.1　常见海洋船舶在8～12 μm波段的红外辐射功率

单位：10^4 W

船舶类型	侧面辐射总功率	船舶类型	侧面辐射总功率
大型豪华游轮	35～50	大型集装箱运输船舶	25～35
大型干散货	25～30	大型油轮	20～25
一般货船、中型油轮	15～20	一般工程船舶、小型油轮	10～13
大型渔船	3～7	快艇、钢制小渔船	2～3

根据某热像仪性能参数，若镜头的入瞳直径为65 mm，由式（4.9），对于侧面辐射功率为5.5×10^4 W的海洋船舶，在不考虑衰减且光学系统透射率为1的情况下，在一定距离R（m）、一定方位角θ下，物象接收功率为:

$$P_w=\frac{56\sin\theta}{R^2} \tag{4.10}$$

在距离5000 m时，以侧面辐射总功率区间的下限数值代入计算，得到传感器接收功率与角度的关系如图4.2所示。

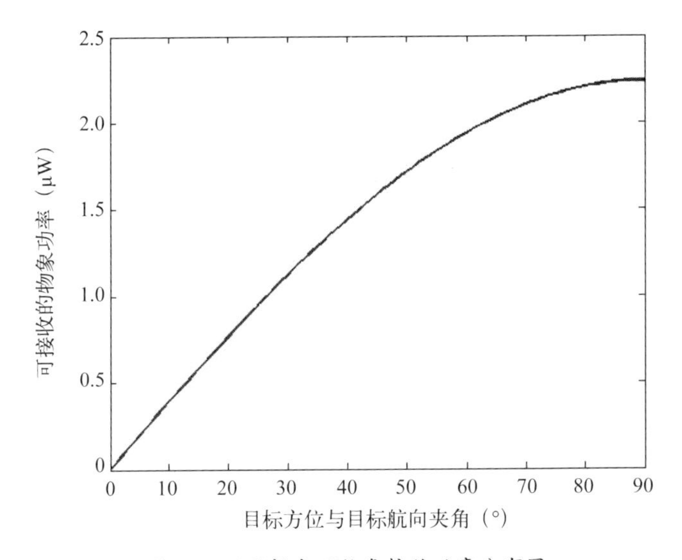

图4.2　不同视角下物象接收功率分布图

假设传感器对此类面积的可接收显示的最低功率门限为1 μm，则视线方向与船舶航向夹角小于30°时将无法进行显影识别。

在图4.2中，当传感器位于目标艏艉线上时，按照（4.10）式计算所得的物象接收功率为0，但实际上，即使出现此类情况，红外热像仪有时仍旧可以显影（高学庆，2007），这是因为舰船的艏艉实际上也是一个小的“侧面”，尤其是高温部位面积较大时，艏艉方向上的红外辐射不可忽略，如果它们的辐射功率经大气和海雾衰减后仍足够大，红外传感器同样可以感知（张建奇等，2008）。根据实际经验与理论推演，如果目标距离较近且目标方位与目标航向夹角小于20°或大于160°，艏艉方向可接收的红外能量已达到侧面辐射的四成左右，此时必须要考虑“艏艉侧面”辐射对成像的影响。

在这种情况下，红外热像仪的接收功率应该按照式（4.11）计算：

$$P_{w} = (P_{cm}\sin\theta + P_{sw}\cos\theta)\cdot\frac{\pi D^{2}}{4R^{2}} \tag{4.11}$$

式中，P_{sw}为艏艉方向上等效平面的波段辐射出射度。根据测算，型宽为16 m的海洋工程船舶艏艉方向在8～12 μm波段的红外辐射总功率约为2.5×10^{4} W。

4.1.4 红外成像海上实验

4.1.2节建立的海洋船舶类朗伯辐射模型忽略了海面反射对于成像的影响，认为海面上特定方位距离上的功率计算仍旧服从式（4.8）。理论分析的正确与否需要实际成像实验的检验，为了检验模型的可用性，在2016年8—9月间，用美国FLIR-F610E型红外热像仪在多个海区进行了多次实验，其中，9月8日在湛江外海与9月4日在舟山外海两次较为典型，从最终结果来看，它们互为补充，共同验证了侧面辐射计算“类朗伯模型”的有效性。

4.1.4.1 湛江海域实验

2016年9月8日中午12时许，载有实验器材的某船到达湛江港外，与另外一艘船体辐射性能参数已知的船舶一前一后渐次驶入湛江港，两船具有5 kn以上速度差，可以利用不断变化的距离测定红外热像仪的最大探测距离。当时气象条件良好，海空晴朗无云，能见度大于5n mile，图4.3是F-610E红外热像仪刚刚能分辨出目标时的显影情况，图4.4是船用ARPA避碰雷达显示的此时两船相对位置与航向信息和此时海面的温湿度情况。

图4.3　红外热像仪显示的船舶红外热像

图4.3中，白色圆圈内斑点即为目标船的红外成像，此时具有最大探测能力。通过了解，海面湿度较为稳定，极少低于50%，也极少高于80%。

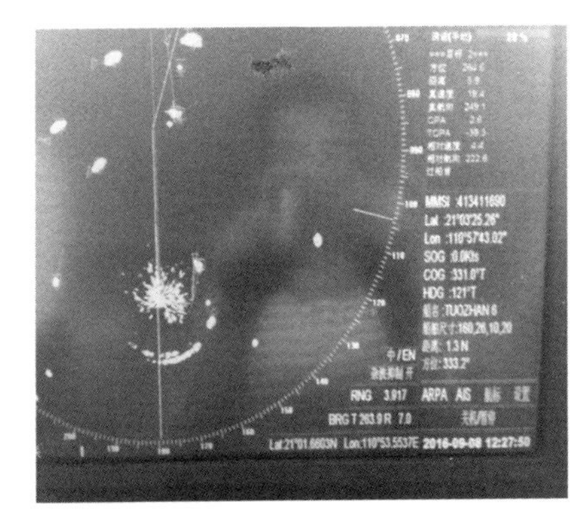

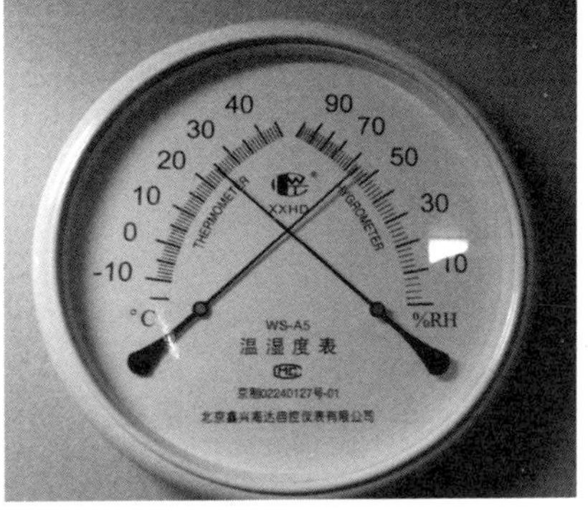

图4.4　实时雷达显示屏（左）与船用温湿度表（右）（2016年9月8日12:30）

根据雷达显示信息和理论分析进行计算，红外传感器与目标相对位置及辐射参数的详细计算信息如表4.2所示。

表4.2　红外成像信息采集与计算结果

属性	目标方位	目标航向	方位航向夹角θ	侧面有效辐射功率
数值	265°	249°	16°	7.5×10^4 W
属性	艏艉辐射功率	适用公式	距离，透射率	入瞳接收功率
数值	2.5×10^4 W	式（4.11）	7.2 km，0.4	0.30 μW

注：透射率计算根据表2.1、表2.2所示数据及线性内插，船舶侧面及艏艉辐射功率根据实际尺寸及现场测量数据计算所得。

根据实际距离和相对位置关系计算，所得入瞳功率为0.3 μW。如果认为此为可以显影识别的最小功率的话，可以认为对于以海洋船舶为代表的面状辐射源，当传感器入瞳接收功率不低于0.3 μW时，红外热像仪可以正常显影。

4.1.4.2　舟山海域实验

2016年9月4日下午5时许，载有实验人员设备的船舶到达台湾海峡，此时，一艘船名为“航盛668”的货轮正巧位于右舷某处，图4.5为当时能见度情况，图4.6为临界显影情况与两船相对位置信息。

图4.5　可见光下的目标及实时海况

在红外热像仪视野中，其红外显影如图4.6（左）白色圆圈内斑点显示。同时，以国际海事组织（International Maritime Organization，IMO）组织强制使用的航行记录仪获得了目标的位置及船型信息如图4.6（右）所示。

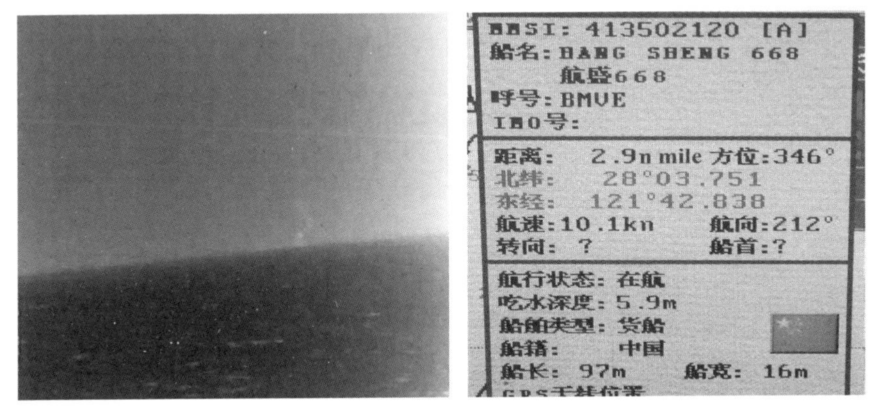

图4.6　红外热像（左）及当时船舶信息（右）

根据海洋环境及相关资料，红外传感器与目标相对位置及辐射参数的详细计算信息见表4.3所示。

表4.3　红外成像信息采集与计算结果

属性	目标方位	目标航向	方位航向夹角θ	侧面有效辐射功率
数值	346	212	46	4.5×10^4 W
属性	艏艉辐射功率	适用公式	距离，透射率	入瞳接收功率
数值	—	式（4.9）	5.4 km，0.5	0.51 μW

可以看出，本次实验中计算所得的入瞳接收功率大于湛江实验，这主要有两方面原因：一是“航盛668”货船干舷高度可能较低，而计算所用侧面功率可能比实际侧面辐射略大；另一方面，本次实验红外显影清晰度明显优于湛江实验，是因为入瞳功率较大所致。总体上，两次实验

的入瞳功率相当接近，而根据FLIR-F610E性能参数折算最低入瞳功率约为0.4 μW，说明该计算模型基本可靠。

4.1.5　面状红外辐射源雾中成像实验

面状辐射源红外辐射功率计算的“朗伯模型”为海雾条件下波段红外辐射的衰减计算提供了理论支撑，只要测得在特定海雾条件下面状目标的最远发现距离，然后与正常情况下的探测距离对比便可得出一定浓度的海雾对于红外辐射的衰减程度。

在船舶红外辐射研究中，由于实际实验需要的海上环境较为苛刻，人员设备需要上船安装调试，需要稳定的电源、便于观察的地点和观察视角，所以，以相关红外设备为依托，在海岸海雾条件下开展成像实验来研究问题也是有益的手段。

4.1.5.1　陆地实验

为了深入探索海雾对于面状目标红外辐射的衰减程度，2016年春季在大连海滨老虎滩附近进行了多次海雾成像实验。实验所用设备仍旧为美国FLIR公司的F-610E红外热像仪，工作波段为7.5～13.5 μm，设备安放地点距离海边约200 m，热像仪垂直高度17.6 m。2016年3月3—4日，黄海北部发生大规模平流雾，持续影响沿海达两天之久。根据气象形势分析判断，此次实验地点符合海雾条件特征（汤鹏宇，何宏让，2013；曹祥村等，2012）。3日凌晨开始，实验地点能见度开始出现下降，白天开始出现明显海雾天气，至夜间强度继续增大。图4.7（b）、（c）所示分别为成像刚刚可辨、完全不可见时的红外成像。

在此次实验中，以同是朗伯辐射源的大连市气象观测站为目标进行了多次的观测实验。图4.7（a）、（b）、（c）分别为在晴朗澄澈、有雾、浓雾三种情况下的较为典型的红外成像。经测量，观测站距离观测点距离为4.08 km，混凝土建筑物与观测视线方向之间的有效辐射面积约300 m^2。

（a）晴朗澄澈（2016年1月10日20时34分）

（b）有雾（2016年3月3日9时15分）

（c）浓雾（2016年3月3日16时36分）

图4.7　不同气象条件下红外成像

可以看出，在晴好天气下，图4.7（a）的清晰红外成像；在图4.7（b）

时，由于受雾衰减的影响，物象隐约可见，亦即入瞳功率在显影所需最小功率附近（王泽和，1999），由此可按照模型计算显影所需的最小功率；当雾的浓度继续增大时，红外辐射能量散射衰减严重，物像无法显示，如图4.7（c）所示。

经实地测量计算，黑色椭圆内物标在可接收波段的、不考虑海雾衰减因素的辐射总功率为9×10^4 W，相关参数见表4.4。

表4.4　同一目标在不同环境下的红外成像信息采集与计算结果

属性	侧面辐射功率	距离	接收功率［图4.7(a)］	显影阈值
数值	9×10^4 W	4.08 km	5.2 μW/m^2	0.3 μW/m^2
属性	适用计算公式	能见度［图4.7(a)］	能见度［图4.7(b)］	能见度［图4.7(c)］
数值	式（4.9）	大于5000 m	1400 m	300 m
属性	海雾含水量［图4.7(b)］		温度	每千米透射率
数值	0.013 g/m^3		6℃	0.29

以计算所得衰减强度按照物理模型推算的含水量为0.008 g/m^3，相应的海雾能见度约为1500 m， 而按照经验模型推算所得的海雾含水量约为0.013 g/m^3，相应的海雾能见度约为1200 m，实际以城市建筑物作为参照测得能见度约1400 m，介于物理模型与经验模型之间略倾向于物理模型，从波段辐射每千米透射率上也能得出同样结论。

由此可见，根据本模型计算的理论结果与实际红外设备性能参数之间呈现出了良好的吻合性，可以作为相关量化计算的依据来研究红外辐射能量的衰减问题。这样，海洋船舶特定波段的红外辐射功率便有了较为可靠的数学计算模型，为船用红外设备在海雾中的性能研究提供了重要的理论依据。

4.1.5.2 海上实验

海上实验是研究海雾条件下波段红外辐射衰减的主要形式。在海上实验中，探测器与目标之间的相对位置关系可以利用船用高级雷达来获取。以下为一次典型实验：2018年6月7—8日，在黄海北部獐子岛附近海域出现浓度较大、范围较广的平流雾，此时，红外热像仪与探测目标完全沉浸在海雾之中，临界显影效果如图4.8（a）所示，红外传感器与目标相对位置关系如图4.8（b）所示。

(a) 红外成像（2018年6月7日17时38分）

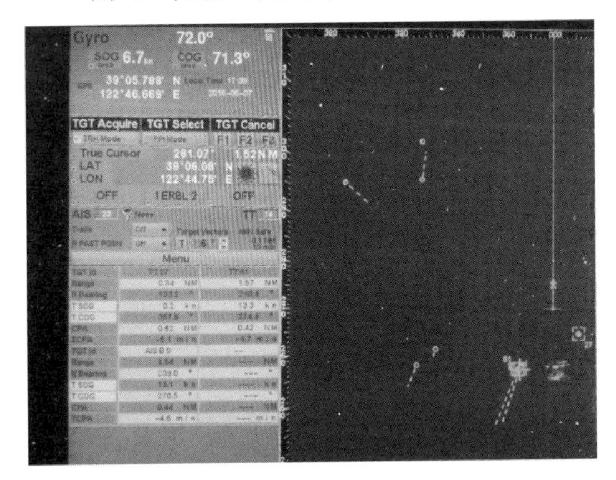

(b) 红外传感器与目标相对位置（2018年6月7日17时38分）

图4.8 浓雾条件下海面目标的红外成像

相关数据整理见表4.5。

表4.5　较浓海雾条件下主要计算数据

属性	波段辐射功率	距离	海雾含水量	显影阈值
数值	2.3×10^3 W	2.81 km	0.022 g/m^3	0.3 μW/m^2
属性	环境温度	理论每千米透射率	经验每千米透射率	实测每千米透射率
数值	21℃	0.10	0.19	0.21

可见，在此区间内，实测结果与经验模型较为接近，误差为10%。

4.1.6　点状红外辐射源的特点

从几何概念上讲，点状辐射源能量出射部位为空间一点，红外能量辐射的方向为三维空间的任意方向，无论在出射能量的计算还是传播路径上的衰减等各个方面都具有与面状辐射源不同的规律。

4.1.6.1　点状红外辐射源能量辐射的方式

从辐射机理上讲，点状红外辐射源依靠高温的金属材料或电离稀有气体激发产生红外辐射能量，出射能量分布在空间各个方向（杨逢春，2014）。与面状辐射源最大的不同是，点状辐射源能量辐射没有明显的方向性。在同等的外部条件下，任意方向上相同距离的能量辐射强度相同；另一点主要区别就是能量辐射强度的计算方法不同。因为没有“面”可言，点状辐射功率主要以单位立体角度下辐射强度的形式给出，而面状辐射源多以单位面积下能量辐射强度的形式给出。与点状辐射源一致的是，任意距离、任意方位处的红外辐射能量依赖于辐射源源源不断地传递补充，只要辐射源输出功率稳定，则空间任意一点的可接收功率保持恒定；若辐射源辐射停止，则空间任意一点的红外辐射随即终止。

4.1.6.2 点状红外辐射源能量传播的方式不同

正因为没有明显的方向性，波段红外能量在自然空间的传播将更为复杂。首先，自然空间传播介质将会对红外辐射造成更多的折射和反射。因为点状辐射源辐射方向是三维立体空间的所有方向，所以在传播过程中较面状辐射源将会遭遇更多、更复杂的光学过程（Junge, C E. 1958）。自然物体的遮挡、吸收和海陆背景辐射的干扰都可能对红外显影造成严重影响；其次，红外传感器对点状辐射的能量接收与显影情况特殊。与面状辐射相比，点状辐射能量集中于一点，在显影识别上与面状辐射源不同，在较远距离上其光学特性可按平行光束来对待，在灵敏度分析上与面状辐射源具有不同的方式。

4.1.7 能量衰减的理论分析

特定波段红外辐射能量的衰减，遵守一般光辐射衰减的固有规律，又同时受复杂大气条件的制约。研究其衰减规律，必须从理论分析入手，在实践中检验，才能获得理想的结果。

根据能量传播与守恒定律，自由空间点状辐射源辐射的红外能量，将会平均分布到空间等距离的各个点面上去。若点状辐射源辐射功率为P，则在半径为R处单位面积的辐射功率P_R可表示为：

$$P_R = \frac{P}{4\pi R^2} \tag{4.12}$$

若点状辐射源辐射功率由每平方度的辐射功率S_r给出，则在半径为R处单位面积的辐射功率P_R可表示为：

$$P_R = \frac{S_r}{R^2} \tag{4.13}$$

在实际测量工作中，只要获知辐射源的总功率，或者获知辐射强度，便可根据上式求得任意距离上的红外辐射强度。

在实际应用中，由于红外辐射并非在真空条件下传播，不同波段的辐射穿透能力也存在差异，即便是同一波段的辐射，在不同传播距离上也呈现不同的规律（Ernst，1975），这就导致特定波段的红外辐射在实际大气环境下在一定距离上可能出现以下三种可能的衰减规律：

（1）基本遵守真空衰减规律；

（2）几乎不衰减，或者速度明显偏慢；

（3）衰减速度快于真空衰减速度。

科学研究波段辐射的衰减规律，必须立足于实验，根据实验结果进行总结归纳。

4.1.8　干洁空气下波段红外辐射接收实验

为掌握红外传感器的灵敏度，在空气相对干洁的冬季利用红外热像仪进行了户外实验。实验地点为辽宁省大连市东南部，时间为2017年1月10日16时至18时，气象条件为冷高压控制下的干冷气团，据当天发布的气象信息，大连地区水平能见度大于20 km，空气湿度为30%，气温为−3℃，图4.9为实验地地面能见度实况图。

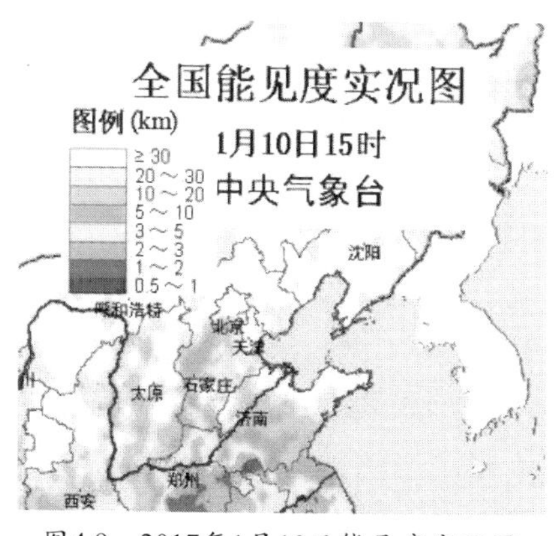

图4.9　2017年1月10日能见度实况图

可以看出，大连地区位于冷高压前部，受高压影响，为典型的辐散型流场，垂直运动为下沉气流，使得天气晴朗，且风向为偏北风，带来的是干冷空气，空气相对湿度较低，能见度良好。

实验所用红外发射装置为12 V直流白炽灯，额定功率分别为25 W、40 W、60 W和100 W，电源为车载直流电源。白炽灯作为红外辐射源具有以下优点：一是红外辐射原理简单，波段辐射能量易于计算；二是辐射源位置移动方便，便于进行临界状态下的距离测定。经测定，汽车怠速运行时平均输出电压为13.6 V［如图4.10（右）所示］；红外接收设备为F-610E型红外热像仪，工作波段为7.5～13.5 μm。

以下为实验具体情况。

（1）对于额定功率为25 W的灯泡，在直线距离移动到565 m时到达临界显影状态，在怠速运行的车载电源条件下，直流灯泡的实际电功率为32.1 W，临界显影状态的红外热像如图4.10（左）所示。

可以看到，汽车前方高温部位红外热像尤为明显。

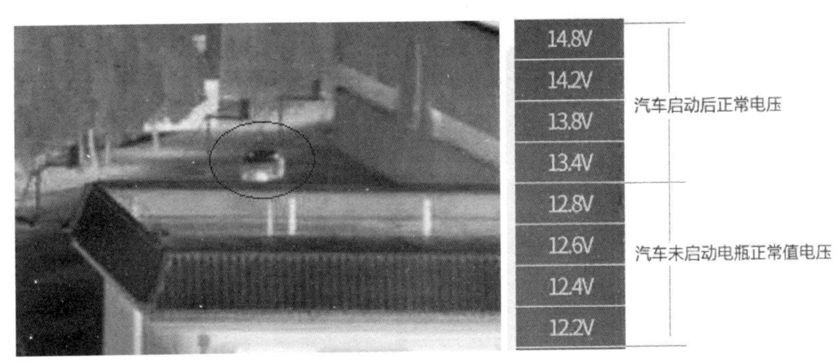

图4.10　25W直流灯泡的临界显影（左）与汽车直流电源电压（右）

（2）对于额定功率为60 W的灯泡，在直线距离移动到712 m时到达临界显影状态，此时，直流灯泡的实际电功率为77.1 W，临界显影状态的红外热像如图4.11所示。

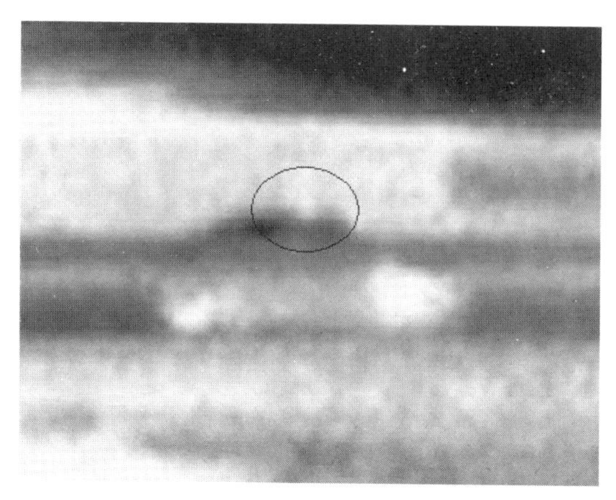

图4.11　60W直流灯泡的临界状态显影

（3）对于额定功率为100 W的灯泡，在直线距离移动到1109 m时到达临界显影状态，此时，直流灯泡的实际功率为128.4 W，临界显影状态的红外热像如图4.12所示。

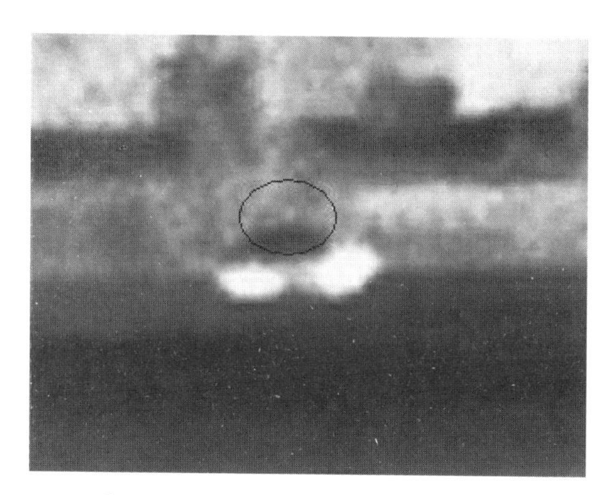

图4.12　100 W直流灯泡的临界状态显影

图4.13是红外热像仪器与三个临界点的位置关系图。可以看出，三条红外光路各不相同，有的横跨较多的海面，有的仅有陆地。

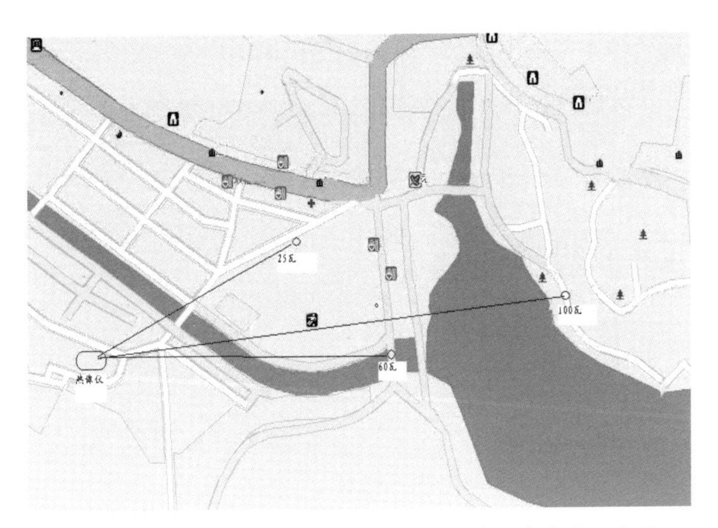

图4.13　实验地点红外热像仪与目标临界点距离方位示意图

4.1.9　数据分析及结论

根据相关公式，12 V直流白炽灯灯芯温度为2850 K，有效发射率为0.90，特定光谱带的辐射功率占总功率的百分比P可由式（4.14）求得（Ellrod G P，1995）：

$$P=\frac{0.6608}{T^4}\int_{\lambda_1}^{\lambda_2}\frac{\mathrm{d}\lambda}{\lambda^5} \qquad (4.14)$$

式中，T为辐射源绝对温标；λ_1、λ_2为波段辐射的红外波长上下限。经计算，额定功率为25 W、60 W、100 W白炽灯在车载直流电源下的有效波段辐射功率分别为0.234 W、0.545 W、0.876 W。

在实验所处空气温度和湿度下，水蒸气对波段红外辐射能量的透射率约为每千米0.91，二氧化碳对红外辐射的透射率大于每千米0.98，在大于20 km的能见度下，忽略悬浮水滴造成的散射衰减（Lee et al., 1997；Gultepel et al., 2006）。

在此波段根据式（4.12），可得在临界状态下三个距离上波段辐强度

P_R分别为0.06 μW/m²、0.07 μW/m²、0.06 μW/m²。综上，可将相关成像临界数据整理成表4.6。

表4.6　点状红外辐射源实验结果

灯泡额定功率	灯泡实际功率	距离	临界辐射强度	是否考虑散射
25 W	32.1 W	565 m	0.06 μW/m²	否
60 W	77.1 W	712 m	0.07 μW/m²	否
100 W	128.4 W	1109 m	0.06 μW/m²	否

综合三种情况可以看出，以同样公式计算所得的临界接收功率大小高度一致，即不存在不同光程上衰减异常的情况（ITU-R P.676-6，2005），红外辐射传播过程中的海陆分布与周边环境也未对红外衰减造成明显影响。

这可能主要基于两方面原因（张建奇等，2008）：一是较窄波段内的辐射功率占比往往较小，以白炽灯为例，8～12 μm红外辐射占比不足1%；二是自然遮挡物（建筑物、地面、海面）在物质分类上大多接近于黑体，具有强吸收的属性，波段辐射绝大多数将被吸收，剩余少量在多次反射后很难对更远处的辐射造成影响。

根据实验条件和实验结果，可以得到以下两方面结论。

（1）红外传感器的显影识别受周围海陆自然环境的影响较小。自然状态下高温点状辐射源辐射强烈，相同距离上的辐射衰减程度不因海陆自然环境的变化而变化。考虑到海上空中目标多数可以看作点状辐射源，且辐射背景为低空海面，因此，此规律适用。

（2）任意距离上的波段辐射强度与距离的平方成反比。在获知传感器能够正常显影所需要的最低接收功率以后，便可以据此估计辐射源的最远发现距离。在同样的辐射强度下，点状辐射源要比面状辐射源具有更远的发现距离。

在海上，特别是在海雾条件下，此波段的红外辐射将会受到空气中悬浮雾滴的严重散射衰减，而在干洁空气中的室外红外实验为海上复杂气象条件下船用红外热像仪有效作用距离求解提供了理论支撑。

4.1.10　点状辐射源在浓厚型海雾中的衰减实验

为了研究点状辐射源在雾中的衰减规律，需要在海雾条件下进行红外成像实验，并对采集的实验数据进行科学分析。

4.1.10.1　实验时的大雾天气概况

2017年4月7日傍晚至翌日晨，大连东南部海域受到来自海上平流雾的影响，大雾最盛时期能见度不足200 m。从4月7日20时中央气象台发布的全国陆地能见度实况图［图4.14（a）、（c）、（d）］可以看出，辽东半岛东部沿海自丹东至大连市北部的庄河、金州地区，山东半岛东部成山头至青岛沿海一线开始出现能见度不良的迹象，尤其是庄河沿海地区能见度已经降至2 km以下。图4.14（b）为4月7日19时30分左右拍摄的窗外实景图，从图中可以看出，仅仅一楼之隔50 m之外的发光红色标语已经模糊不清。4月8日03时，海雾强度持续不减，山东半岛内陆东南部及其沿海部分地区能见度降至百米以下，在能见度图上显示为辽东半岛东部及其沿海能见度都在1 km以内，局部小于500 m。

至4月8日10时许，随着大陆高压系统的东移，海雾影响地区逐渐刮起强劲的西北风，大雾很快消散。此次海雾过程相对时间较短，但强度较大，山东半岛受影响最大，给所在地区的航空、地面和沿海水上交通造成了严重影响。就持续时间来讲，大连及丹东一线浓雾时间持续约

15 h，山东半岛青岛一带约24 h。

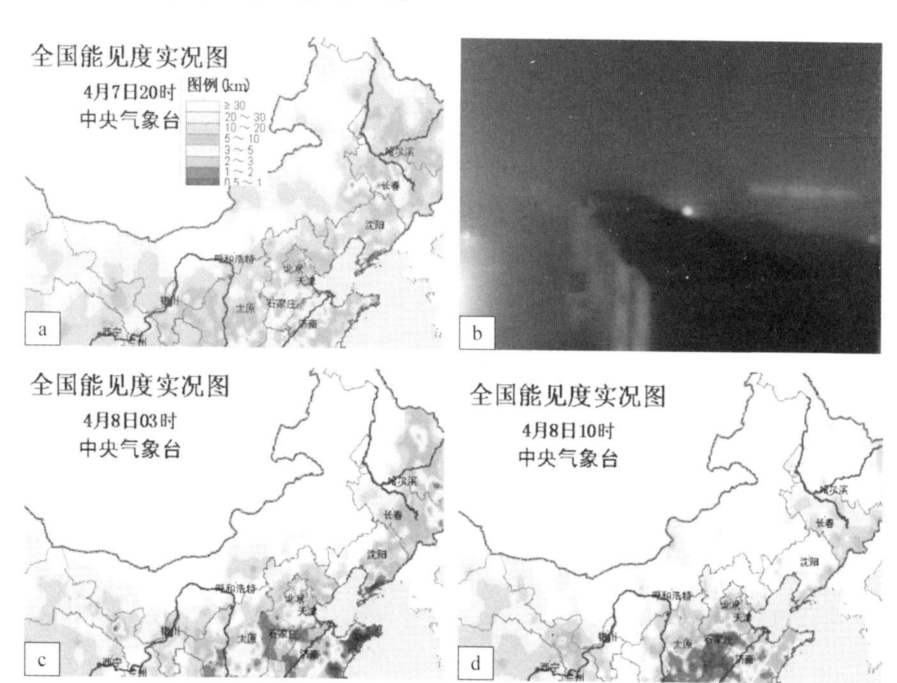

图4.14　中央气象台发布的全国能见度实况图

4.1.10.2　天气形势分析

从4月7日8时的850 hPa天气图中可以看到，黄海渤海处于槽前暖湿气流控制之下，等高线与等温线近于垂直分布，空中的暖平流非常强烈，高空气压形势呈现出“东南高、西北低”的特点，等温线与纬度线大致平行。受高空风场形势影响，东海北部海面上空出现了明显的暖平流。同时，从地面观测站连续观测的风场形势看，近地面风力大小缓和，方向较为稳定［图4.15（b）、（c）］，这给平流雾的维持和加强创造了有利条件，在黄海、渤海海区出现了大面积的雾区。从4月7日20时的卫星云图［图4.15（a）］可以看出，山东半岛、黄海北部有大面积白色云雾；4月8日凌晨，随着来自大陆的冷高压逐渐加强东移，冷锋移过黄海、渤海，海雾维持所需的水汽被阻断，大雾过程很快结束［如地面形势分析图4.15（d）、（e）］。

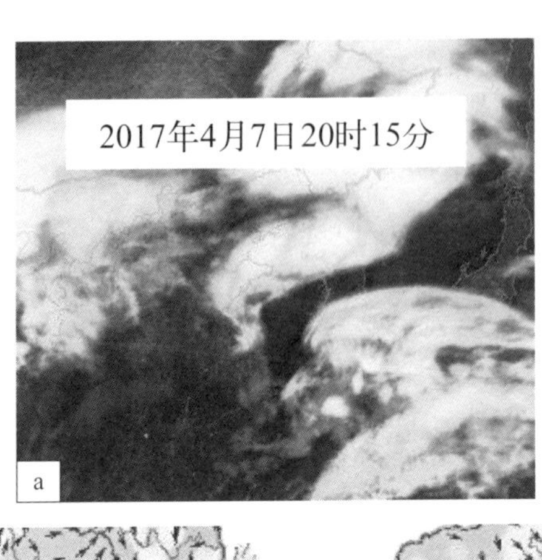

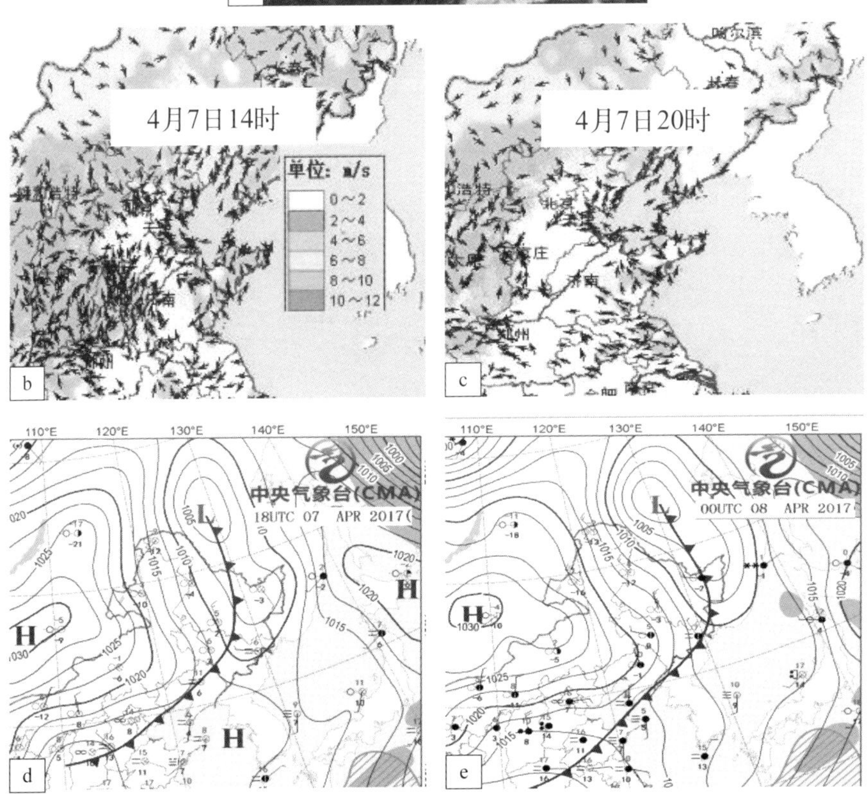

图4.15　大雾过程天气形势分析

在此次典型的海雾天气过程中，4月7日19时30分，在距离海岸300 m以内的区域开展了红外成像实验。热像仪海拔高度为17 m，红外辐射源为直流白炽灯，利用车载电源在不同距离上分别对不同功率的红外辐射源进行接收实验。结果是，25 W的辐射源在近距离上能够进行临界状态下的红外显影，图4.16所示即为25 W直流白炽灯灯泡的临界显影情况，经实地测量，此时传感器（热像仪）与目标之间为147 m。表4.7为相关情况采集计算结果。

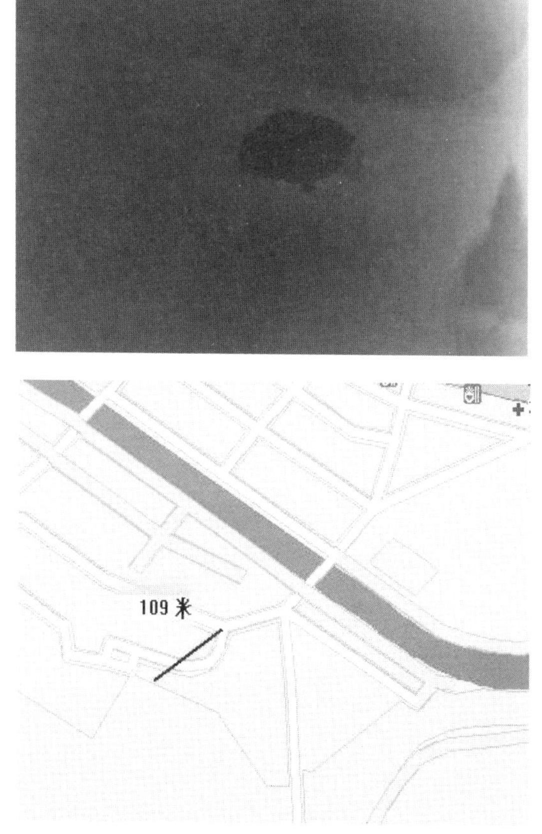

图4.16　25 W直流灯泡的浓雾中临界成像（上）与试验方位图（下）

表4.7 点状红外辐射源在浓雾下的红外成像信息采集与计算结果

属性	无衰减接收功率	距离	海雾含水量	散射衰减度
数值	0.17 W	147 m	0.11 g/m^3	0.3 μW/m^2
属性	环境温度	理论每千米透射率	经验每千米透射率	实测每千米透射率
数值	11℃	6.1×10^{-6}	6.1×10^{-6}	4.8×10^{-6}

可以看出，在特浓海雾条件下以陆地建筑物为目标的实测每千米透射率较为靠近经验模型，且不再介于两者之间，比经验数据还小12%。实际上，海雾的能见度测量是具有一定的弹性空间的，这其中包含两方面的原因：一是能见度难以精确测量，有时需要以看清为测量标准，有时则以看见为测量依据；二是浓雾在海风推送下具有空间分布不均一稳定的特点。这在很多研究中也经常被提及，海雾经常被描述为“一团团、一阵阵”的特点，这给能见度的测量带来了难度。

4.1.11 点状辐射源在一般性海雾中的衰减实验

每年的上半年是我国北方沿海海雾多发季节，尤其是4月、5月，暖湿的海洋气团在副热带高压的推动下极易北上造成大雾天气。为了探讨点状红外辐射源在不同能见度、不同含水量海雾下的衰减规律，2017年的5月4日20时30分，进行了一次在一般海雾条件下的红外成像实验。

4.1.11.1 海雾概况

2017年5月3日傍晚至5月5日凌晨，大连市一直笼罩在海雾之中。山东半岛、渤海东部沿岸、辽东半岛东部陆地长时间处于海雾范围之内，影响范围较广，从可见光能见度来讲，此次海雾强度一般，大多数时间能见度大于1000 m，从图4.17（a），（b）可以看出，海雾导致能见度不良。

(a)

(b)

图4.17　2017年5月4日海雾概况

4日凌晨以后，海雾影响区域刮起偏西风，气温有所回升，海雾消散，天气转晴，能见度迅速增大。

4.1.11.2　海雾天气形势分析

从地面形势分析图可以看出，从5月2日17时开始的三天时间里，高压中心一直盘踞在日本海东部洋面，且靠近高压中心地带等高线稀疏，水平气压梯度小，气流移动缓慢，为海雾天气的形成提供了必备的条件，十分有利于海雾的维持。直至4日17时，高压中心出现了缓慢西移，此时海雾仍未消散，但随着冷锋的东移推进，海雾逐渐消失（如图4.18所示）。

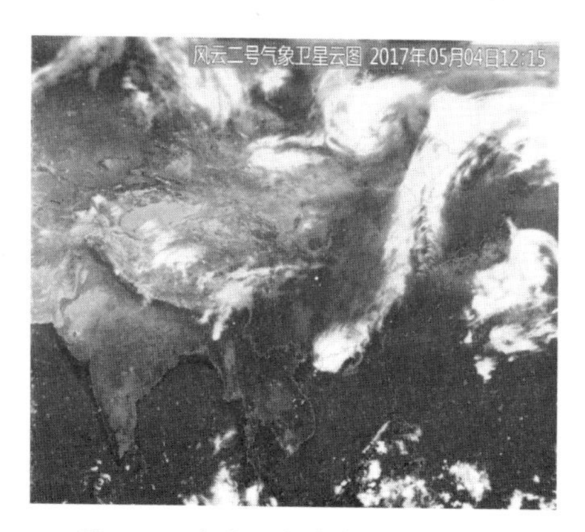

图4.18　海雾逐渐消失的卫星云图

4.1.11.3　红外成像实验

在这种情况下，利用车载电源，在5月4日20时30分许进行了海雾条件下点状红外辐射成像实验。利用固定的红外传感器和可以移动的车载辐射源，在可以观测的范围内选用不同功率的红外辐射源进行试验，发现各种功率的直流灯泡均可显影，其中，25 W的灯泡具有临界特征。从图4.19（a）可以看出，受海雾影响，同样距离下的红外成像较干洁空气下的红外成像［图4.19（b）］出现了明显模糊。

(a) 有雾

(b) 晴朗

图4.19　有雾与晴朗条件下红外成像对比

根据实验记录数据可以获得表4.8。

表4.8　点状红外辐射源在轻雾下的红外成像信息采集与计算结果

属性	无衰减接收功率	距离	接收功率	散射衰减度
数值	0.14 μW/m^2	383 m	0.06 μW/m^2	8.7 dB
属性	适用计算公式	实际目测能见度	物理模型能见度	经验模型能见度
数值	4.14	900 m	870 m	770 m

以周围建筑物为参照的能见度约为900 m，计算结果偏向于物理模型。

4.2 本章小结

本章针对海空常见的水面与空中两类目标分别进行了理论与实验研究，分别建立了以海洋船舶为代表的面状辐射源和点状目标的辐射功率计算模型。为了研究红外辐射在海雾中的衰减规律，首先在海上和陆地干洁空气中测定了红外传感器的灵敏度，明确了F-610E红外热像仪与船用红外热像仪灵敏度的对应关系，然后在海雾条件下进行了面状辐射源和点状辐射源的衰减实验。计算结果显示：在能见度为200 m左右的特浓海雾条件下，以经验模型计算的结果更接近于实际观测；在能见度为800 m左右的海雾条件下，以物理模型计算的结果与观测结果近乎一致；而在能见度大于1000 m的海雾条件下，实际观测的结果更接近于物理模型，约为物理计算数值的0.9倍。

第5章　海雾的数值模拟

对于船用红外探测系统来说，海雾是影响其发挥作用的重要海洋环境要素。只有首先明确了海雾这个“物质基础”，作为“上层建筑”的各种分析和研究才不至于成为“无源之水、无本之木”，理论研究成果才能够用于指导具体工作。在实际应用中，航海活动的安全性必须建立在可靠的气象预报基础之上（易海祁等，2008），在数字海洋的大背景下，船用红外热像仪探测能力研究需要连续可靠的、立体的数字化气象数据，从这个角度讲，近年来蓬勃发展的数值模拟为这种需求提供了良好的解决方案。

5.1　WRF数值模拟系统

从所研究陆（海）面的范围大小和所提供数值预报产品的精度上划分，数值模拟系统可分为小尺度、中尺度和大尺度三种（李晓东等，2009）。对于局部海雾分析预报来说，大尺度模拟系统提供的数据过于粗糙笼统，而小尺度模拟范围往往较为有限，中尺度模式既能提供足够的气象信息，又能兼顾到时间和空间等多方面的要求，故而成为区域海雾模拟最佳选择（杨三才，1984）。

在众多的中尺度模式模拟系统中，天气研究预报模式（Weather Research and Forecasting Model，WRF）被誉为是新世纪最佳的中尺度天气预报模式。第二次世界大战后，随着计算机技术的迅猛发展，天气预报技术也随之突飞猛进（Piotr J. Flatau et al., 1989）。由于精确的数值天气预报需要借助复杂的流体力学模型进行推导，需要进行大量的数值运算，而计算机技术的发展正好满足了这一需求，所以，在短短的几十年里，世界各地的气象研究机构开发出了各自相对独立的大型天气预报模拟系统，这些系统以各自固定的计算模型为基础，根据一定初始边界条件进行分析运算，大大提高了数值预报的速度和精度。

由于这些模式之间缺少兼容性，对科研及业务上的交流极其不便（Russell J. Chibe，2001）。从20世纪90年代后期开始，美国国家环境预报中心（NCEP）、美国国家大气研究中心（NCAR）等美国的科研机构开始着手开发一种统一的气象模式，终于于2000年开发出了WRF模式。时至今日，WRF模式已经进行了百余次更新。为了使研究成果能够迅速地应用到现实的天气预报当中去，WRF模式分为ARW（the Advanced Research WRF）和NMM（the Nonhydrostatic Mesoscale Model）两种，即研究使用和业务应用两种形式，分别由NCEP和NCAR管理维持着。

本书所使用的是前者即WRF ARW，WRF模式为完全可压缩以及非静力模式，它采用F90语言编写。水平方向采用Arakawa C（荒川C）网格点，垂直方向则采用地形跟随质量坐标。WRF模式在时间积分方面采用三阶或者四阶的Runge-Kutta算法。WRF模式不仅可以用于真实天气的个案模拟，也可以用其包含的模块组作为基本物理过程探讨的理论根据。

WRF模式由预处理程序、主程序、后处理分析模块构成（Robert Tardif，2007）。预处理程序（WPS）又包括geogrid、ungrib、metgrid三个子程序；geogrid用于设定模式运行区域、网格精度、嵌套方式和投影方式并将地形数据差值到对应网格上；ungrib用于将GRIB1/GRIB2格式的气象数据解码成主程序可识别的中间格式气象数据，metgrid将中间格式气象数据水平差分到模式网格上以供WRF主程序调用；WRF主程序的主要功能是根据WPS提供的气象数据进行方程求解并根据参数配置给出相应诊断数据；后处理模块的功能是提供数据同化，目前WRF模式提供三维数据同化和四维数据同化，同化资料可采用地面观测资料、卫星遥感资料等；分析模块支持IDV、VAPOR、NCL、ARWpost（GrADS）、RIP4、UPP（GRADS/GEMPAK）和MET共七种绘图软件。

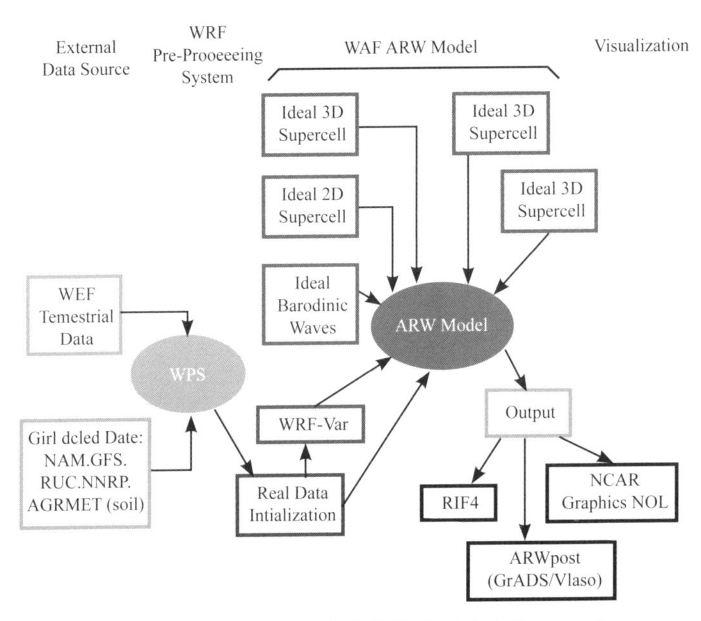

图5.1 WRF数值模拟系统结构图（李鹏远，2011）

当前，WRF采用的资料主要为美国国家环境预报中心提供的FNL客观再分析资料和美国国家海洋和大气管理局NOAA提供的日平均SST卫星数据，根据设定的模式进行数值模拟并提供预报产品，WRF的特点与优势包括（Robert L. Walko, Craig J. Tremback，2005）：

（1）可进行实时数据或者给定数据双重仿真；

（2）可进行多重边界数据设置选择；

（3）提供完全物理过程选择；

（4）可满足静力学与非静力学过程模拟；

（5）可进行单边、双边嵌套与移动嵌套；

（6）三维分析推理；

（7）提供从米级至千米级的研究运用。

5.1.1　WRF核心方案

影响WRF模式模拟效果的因素主要为其参数化方案的设定和选择，目前WRF引进的物理参数化方案主要有：微物理过程方案、积云对流方案、边界层方案以及陆面方案等（Russell J. Chibe，2001；Craige J. Tremback et al., 2004）。不同的气象过程和侧重（关注）点需要不同的参数化方案与之对应，下面分别对主要的方案进行介绍。

（1）微物理过程。微物理过程主要是指空气中的水汽在固、液、气三态转化所遵守的物理过程。在WRF中，微物理过程方案设计的内核大同小异，总结具有以下几种。

① Kessler暖云方案。简单的、无冰相降水的暖云方案，只考虑液态和气态水的转化。

② Purdue Lin方案。包括固、液、气三态转化的成熟的方案，适于理论研究。

③ Eta Ferrier方案。从另一个视角看过程，根据总凝结降水的变化，用局域数组变量来分解三态水汽，适用于较大时间步长的模拟。

④ WSM 3方案。被称为简单的冰方案，适用于高纬度地区的气象模拟。

⑤ WSM 6方案。WSM3的改进版，对于时间步长不再敏感。

⑥ Thompson方案。适用于中纬度冬季高层模拟，专门为航天气象保障。

（2）积云对流。主要关注云的形成过程，一共有四种：

① EtaKain-Fritsch方案。简单的云模式，具有卷入和卷出，过程较粗糙。

② Betts-Miller-Janjic方案。对对流过程进行了浅调整，较之前有所改进。

③ Kain-Fritsch方案。与第一个大同小异。

④ Grell-Devenyi方案。以云质量通量为突破点，可描述上升下沉和卷入卷出。

（3）边界层参数化方案。主要研究地面的摩擦、湍流等要素对天气系统的影响。

① MM 5方案。用多种稳定性函数来计算地面热量、湿度、动力的交换系数。

② ETA方案。把陆面与海面区别对待研究，考虑到了地表的各种情况。

③ MYJ方案。具有完善的湍流模型，能够预报湍流动能，并有局地垂直混合，是较为完善的一类边界层方案。

④ MRF与YSU方案。主要考虑不稳定边界层处理，后者是前者的改进版。

⑤ MYNN 2.5方案。改进的湍流闭环处理方案，2009年由Nakanishi提出。

（4）陆面过程参数化方案。主要研究大陆表面的辐射、土壤的凝结过程。

① 热量扩散方案。基于MM 5的5层土壤温度模式，能量计算包括辐射、感热和潜热通量，同时也允许雪盖效应。

② Noah方案。可以预报土壤结冰、积雪影响，并提高了处理城市地表水的能力。

③ RUC方案。包括六个土壤层和两个雪层，考虑到了土壤结冰、不均匀雪地、雪的温度和密度差异、植被效应和冠冰层。

（5）长波辐射方案。主要用来描述雾体顶层辐射对于海雾的维持和发展的影响。

① RRTM长波辐射方案。来自于MM5模式，用一个预先处理的对照表来表示大气成分和云层光学厚度引起的长波过程。

② GFDL长波辐射方案。来自于GFDL，用公式计算大气成分的光谱波段。

除此之外，WRF的主要方案设置还有近地面层方案、短波辐射方案等，因其可选范围较小或者模拟效果对其敏感性较低，在此不再赘述。

5.1.2　WRF V3.9参数化方案选择

经过多年连续不断的探索与使用，在不断总结完善提高的基础上，WRF最新版本的程序封装了经过实践检验的最佳方案集合，它以北美区域特点为重点，并可对世界上大多数地区的气象系统进行模拟预报。在进行数值模拟时，使用者只需使用默认设置便可获得良好的模式数值输出结果。

表5.1　WRF V3.9核心参数化方案设置

方案名称	WRF标记	所选方案
微物理过程方案	mp_physics	WSM 3与WSM 5
边界层方案	bl_pbl_physics	YSU
积云过程	cu_physics	Kain-Fritsch
短波辐射方案	ra_sw_physics	Dudhia
长波辐射方案	ra_lw_physics	RRTM
陆面过程方案	sf_surface_physics	Noah
近地面过程	sf_sfclay_physics	MM 5

在如上所述设置下，WRF V 3.9运行良好，足以满足绝大多数气象预报业务要求。值得注意的是，WRF参数化方案具有“固定搭配”的特点，不同方案往往以组合的形式出现，这是数值模拟系统明显的特点，也是在进行敏感性试验时必须注意的地方，对此将通过多个个例进行研究。

5.2　WRF数值模拟个案研究

WRF V 3.9是美国国家环境预报中心在其官方网站上提供的最新版本，是一款运行稳定、功能强大、兼容性强的大型软件系统。从根本上说，WRF系统主要由美国科学家重点针对北美大陆的区域特点设计编写，其在全球范围内的适用情况需要由不同国家和地区的使用者根据区域特点选择使用。

5.2.1　2017年4月7日海雾模拟

为了研究WRF V3.9在我国黄海、渤海海区的适用情况，对4.2.5中所分析的海雾过程进行了数值模拟，美国国家环境预报中心再分析资料选取时间段为4月7日的8时至4月8日的8时，模拟的时间步长设置为30 s，垂直分层为40层，采用双层嵌套，外层分辨率为16 000 m，内层分辨率为5333 m，区域范围如图5.2所示。

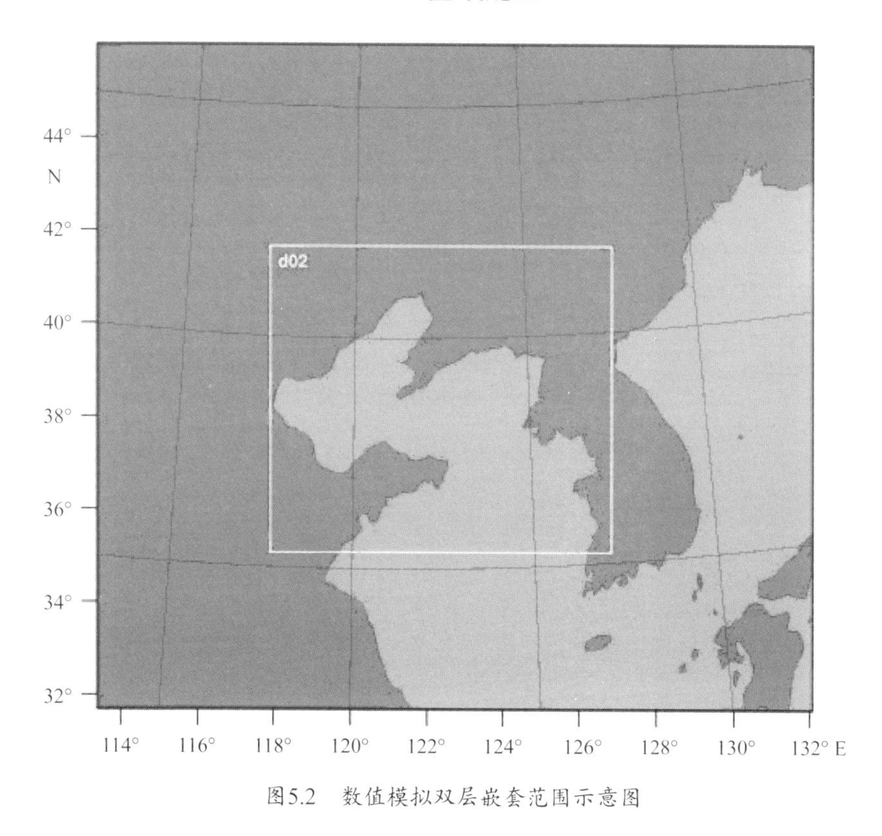

图5.2　数值模拟双层嵌套范围示意图

对所有的参数化方案采用默认选项，然后根据所选区域范围和时间起始点对WRF主程序进行同步设置，并对最底层的云水混合比用GRADS分析绘图软件进行了绘图，结果如图5.3所示。

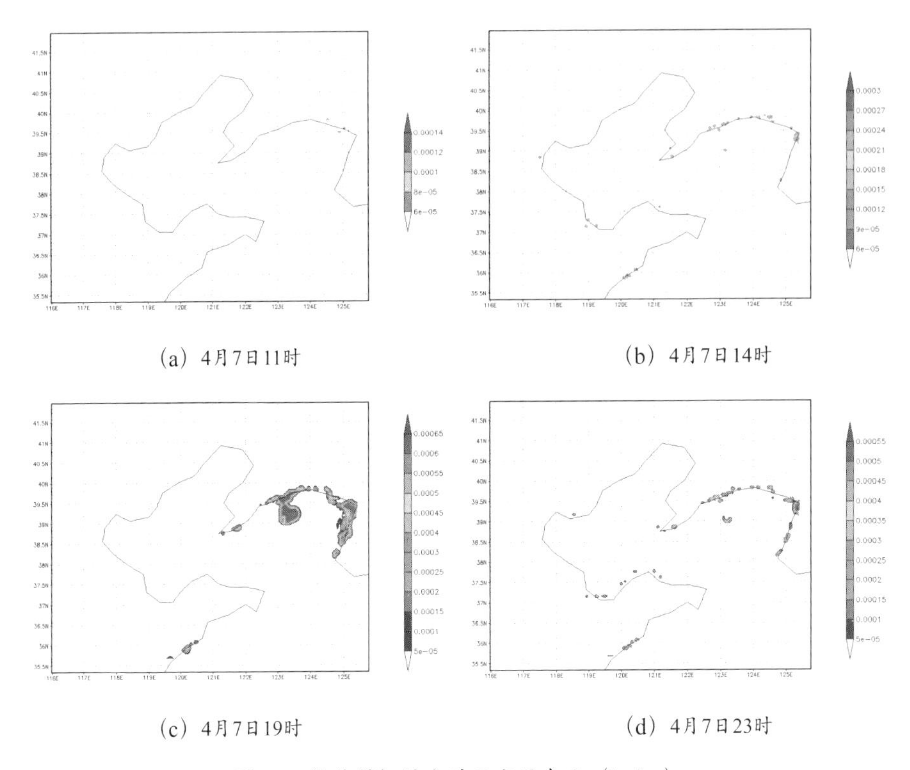

(a) 4月7日11时　　(b) 4月7日14时

(c) 4月7日19时　　(d) 4月7日23时

图5.3　数值模拟的分时云水混合比（kg/kg）

图中，经计算，绿色对应的最底层能见度已经不足500 m。在本章，所有数值模拟显示的海雾高度全部为垂直分层的最底层数据，海拔高度约为100 m的1000 hPa等位势面，这也是船用红外热像仪感知红外辐射的主要高度

经对比模拟结果基本再现了当天海雾生消的生命过程，与地面能见度实况图显示也基本吻合。尤其是与海雾浓度在4月7日入夜以后达到峰值，然后逐渐消退的实际情况高度一致。

5.2.2　2017年5月31日海雾模拟

为了进一步研究论证数值模拟结果的可靠性，必须尽量选取多个样本、在不同的过程方案设置下进行模拟实验，发现其运行更加普遍的规律。

（1）海雾过程概况。2017年5月30日夜间至31日白天，黄海北部出现范围较大的平流雾，持续影响东北沿海地区30小时以上。从中央气象台发布的全国能见度实况图可以看出，受海雾影响，辽宁东部沿海从5月31日凌晨起能见度出现严重下降，至黎明前后出现最低能见度，辽宁丹东、庄河、普兰店直至大连金州区一线尤为严重，上述地区大部分时间能见度不足1000米，至最盛时不足300米。5月31日6时以后海雾强度开始减弱，至日出前后能见度明显好转，入夜时已全部消散。

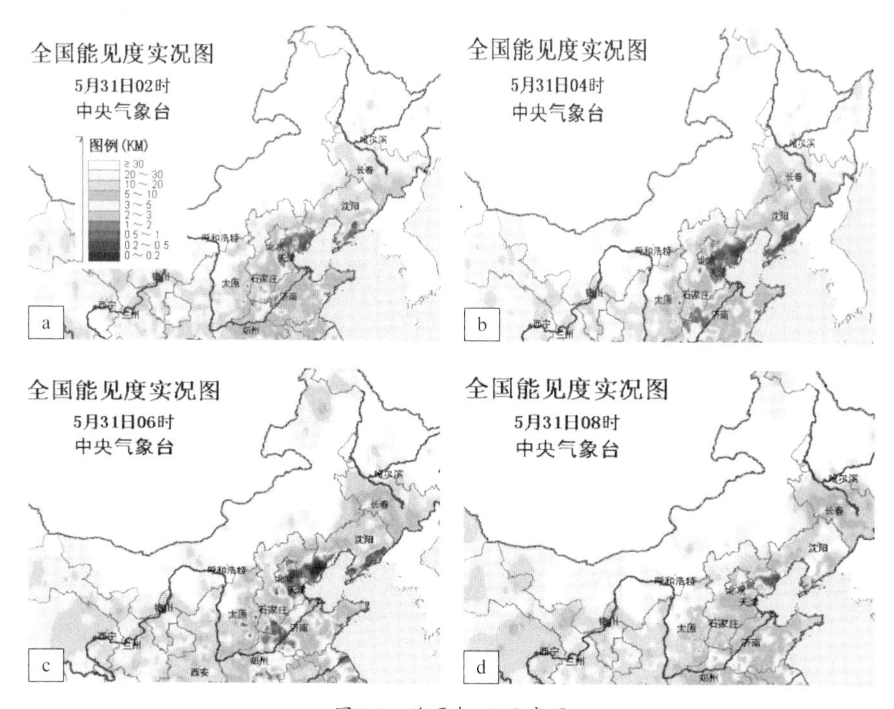

图5.4　海雾概况示意图

（2）气象形势分析。受太平洋热带气团影响，我国大部分地区被暖区控制，等高线稀疏，在华北南部与黄海西部有浅槽出现，黄海、渤海海区风向以偏南风为主，风力在二级以下，风向较为稳定，且有明显暖平流，太平洋上的暖湿空气北上侵袭，这为海雾天气的形成提供了必需的水汽条件。随着暖湿气流的持续输送，等比湿线出现了明显的北移，在黄海西北部、山东半岛的成山头附近出现明显的逆温层，气压形势更加稳定，槽线消失，海雾形成并进一步发展。随着时间的推移，大陆高压势力增强，高压中心明显南移，黄海、渤海出现强劲北风，水汽输送路径被切断，海雾消失。

（3）数值模拟。为了保证模拟效果又不过度增大计算复杂程度，在分析资料选取的时间段为5月30日的20时至5月31日的20时，所有设置均采用5.2.1节中系统默认设置，对云水混合比进行了分时显示，如图5.5所示。

可以看出，WRF V3.9对于海上平流雾的模拟效果较好，但对于表面情况复杂的陆地部分几乎没有显示。但是，如果仅从海雾对陆地边缘能见度的影响来反推海雾浓度，模拟结果较好地再现了海雾的发展及消亡过程，对能见度和含水量的表述也基本与实际海雾过程相符合。实际上，在海面观测站较少、海上气象数据不易连续实时观测的情况下，通过海岸观测数据来研究近海天气也是气象研究的重要方式。

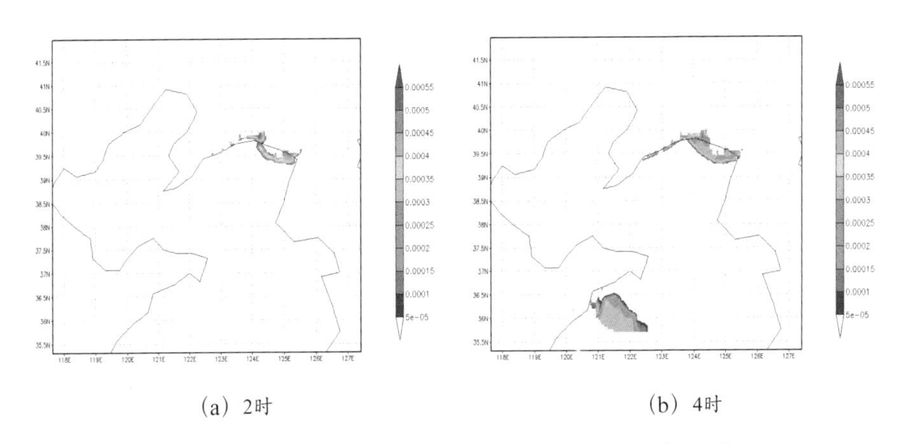

（a）2时　　（b）4时

图5.5　数值模拟2017年5月31日分时云水混合比（kg/kg）

浅蓝、浅黄、浅红分别对应能见度约600 m、300 m、100 m。

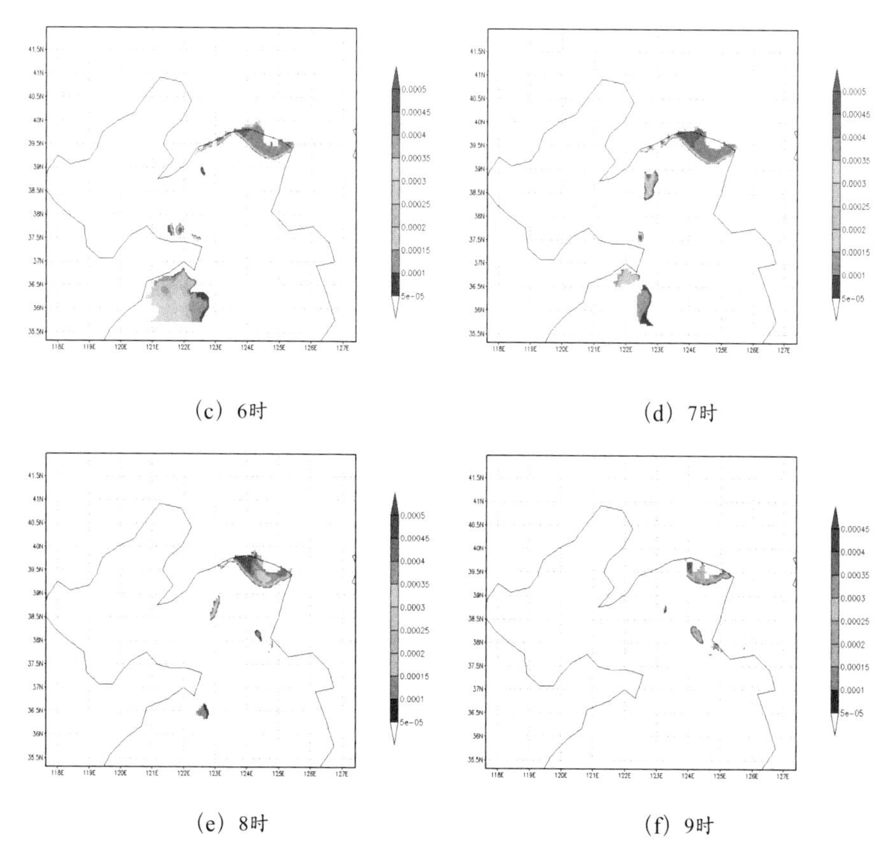

（c）6时　　（d）7时

（e）8时　　（f）9时

图5.5　数值模拟2017年5月31日分时云水混合比（kg/kg）（续）

浅蓝、浅黄、浅红分别对应能见度约600 m、300 m、100 m。

5.3　WRF数值模拟敏感性试验

WRF V3.9为美国环境预测中心2016年研究开发的升级版本，时至今日，虽然有更新的V3.9出现，但由于V3.9性能稳定、鲁棒性强，仍然是世界范围内科学研究和业务使用的主流版本。但是，WRF毕竟为美国科研机构所研制，其初始的研究对象主要针对北美大陆，所考虑的主要因素为中纬度大气环流特点及陆地海洋分布情况，所以，要在我国沿海取得较好的模拟效果，必须根据源地再分析数据进行敏感性试验，对模拟效果进行反复比较，以获得最适合于当地实际情况的方案组合。

对于不同方案对模拟结果的影响，国内研究较多，但对于海雾的研究相对有限。中国海洋大学的李鹏远（2011）和南京信息工程大学的滕华超（2011）等均认为边界层方案对雾的模拟结果最为敏感；而杨伟波等（2012）利用NCEP提供的FNL再分析资料作为积分初始场，边界层采用Monin-Obukhov方案、微物理方案选取WSM5方案、积云对流方案采用Kain-Fritsh方案时效果最为理想。很多学者发现，边界层不仅具有高层大气的流动性，又具有远大于高层大气的黏滞性，边界层大气不仅能影响低层大气要素，也能通过边界层垂直输送影响高层大气（孟宪贵，张苏平，2012）。

在WRF的应用研究中，中国海洋大学的高山红教授研究团队起步较早，研究成果也较有代表性。近年来，其团队的齐伊玲、张守宝、陆雪、饶莉娟等先后针对WRF的核心方案进行对比研究。其中，齐伊玲（2010）和张守宝（2010）均认为一般的湍流和短波对海雾生消模拟影响较小，而长波辐射能够显著影响模拟结果，是数值模拟方案选择的重要一环；陆雪（2011）采用多种边界层和微物理方案组合，并分别对黄海、渤海海雾进行模拟分析，通过与实测资料对比发现：当选取微物理方案Thompson，边界层选取MYNN时，对黄海、渤海海雾的模拟效果最接近观测事实；饶莉娟（2014）则以湍流为研究的突破口，详细对比分析了YSU与MYNN方案，结论是对于浓厚型海雾，YSU方案模拟效果较好，而对于一般海雾，MYNN方案则更为适合。

5.3.1 核心方案对比

综合上述分析，可以发现对于2010—2014年各版本的WRF中尺度模拟系统来说，边界层方案是最敏感的核心方案，其次是长波辐射方案，再次是微物理过程方案。在实际进行敏感性分析时，各个方案往往是搭配使用，下面就在已有的研究成果基础上，根据已有的观测资料进行分析论证。

由于WRF核心程序具有连贯性，可以认为已有的研究结论对当前工作具有借鉴意义。为了验证这个结论，必须重置核心方案对已有的海雾过程进行再模拟。根据这一目标，对5.2.1节所述海雾过程的边界层方案设置为MYJ方案，其余设置不变，模拟结果显示，整个黄海、渤海海区几乎没有雾区出现。

结论：MYJ方案显然不适合此次海雾过程的模拟，虽然也能反映海雾的发生、发展、高潮、消亡的基本过程，但在含水量、能见度、区域差别等细节方面已经不能满足科研与气象业务要求。

在边界层三个主要的参数化方案中，MYJ方案已被证明不适合海雾的精细化模拟，而通过已有的海雾模拟过程来看，YSU方案对于海雾的模拟效果较为理想。现在的问题就是，第三个核心方案、MYNN方案对海雾的模拟效果不得而知，有待于模拟实验的进一步分析论证。

下面以5.2.2节所述海雾（5月30—31日）为例，对其模拟效果进行研究。

方案设置：边界层方案改为MYNN 2.5，其余采用默认设置（WRF网站称为“最佳最实用设置”），再分析资料仍为5月30日的20时至5月31日的20时。

图5.6即为与图5.5对应时刻的云水混合比填色情况。

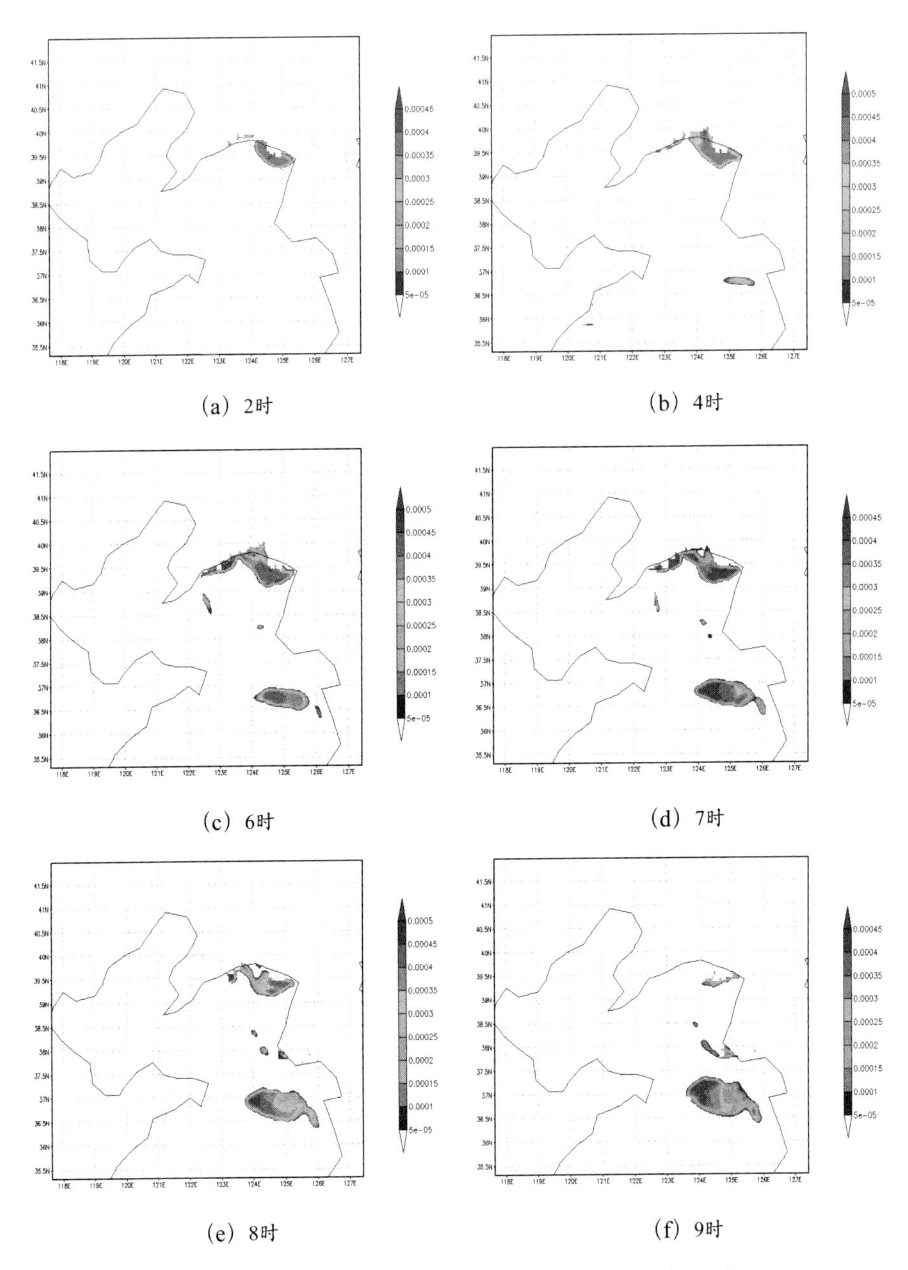

（a）2时　（b）4时
（c）6时　（d）7时
（e）8时　（f）9时

图5.6　数值模拟2017年5月31日分时云水混合比（kg/kg）

浅蓝、浅黄、浅红分别对应能见度约500 m、300 m、100 m。

通过前后对比可以看出，MYNN2.5方案与YSU方案的模拟输出结果在底层雾区分布上有同有异，主要体现在：

（1）在辽东半岛东部沿海填色趋于一致，但效果仍不及YSU。在丹东庄河一线，填色浓度总体浅于YSU，在大连港外几乎没有雾区显示，而实际上此次平流海雾持续影响大连市区达一天之久，能见度显著下降。

（2）山东半岛近海没有雾区，而在朝鲜半岛仁川以西海域有较大雾区，这与事实不符。无论从地面能见度来看还是从高空图分析，乃至当时的卫星云图都没有在朝鲜半岛附近有海雾或云层出现。

结论：对于此次海雾过程，MYNN 2.5方案明显不如YSU方案，从侧面印证了中国海洋大学饶莉娟的结论。客观地说，从整个海雾影响和实际能见度来看，此次海雾属于较浓海雾范畴。但是，从气象预报的角度来讲，海雾的强度大小是很难做到事先准确判定的，如果能找到一种方案，它对于各类强度海雾都能较为准确地进行模拟，这无疑将是最佳选择。

按照这个思路，捕捉了一次强度较小的海雾过程，并分别用YSU方案与MYNN方案进行模拟，然后进行优劣对比。2017年5月22日白天至夜间，黄海北部发生了一次强度较小的平流海雾，影响辽东半岛东部沿海、山东半岛东南部和成山头附近海域，大连市区受此影响能见度显著下降，但因其强度较小，并未对交通造成重大影响。图5.7为利用WRF V3.9默认设置模拟的当日白天连续6小时的云水混合比情况。

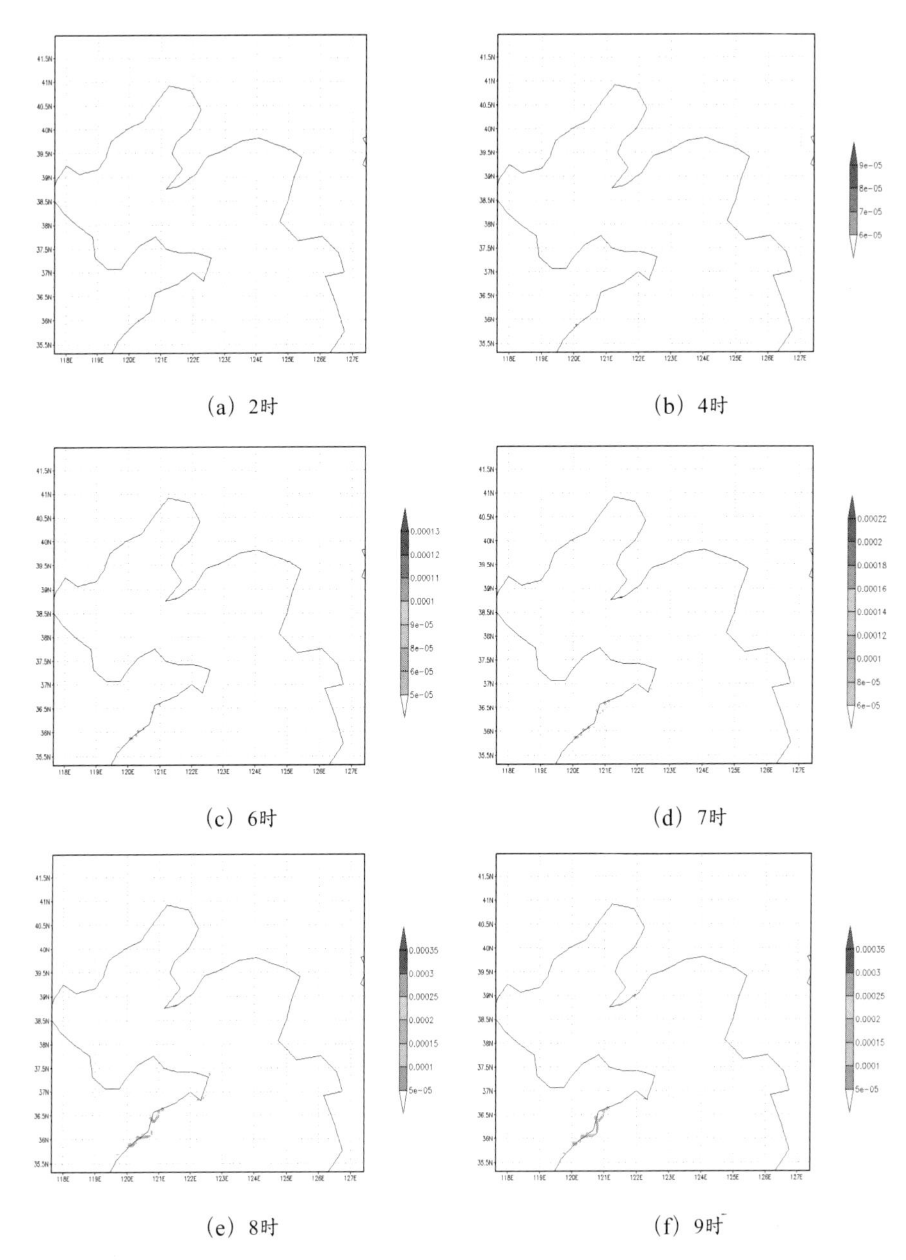

（a）2时　（b）4时　（c）6时　（d）7时　（e）8时　（f）9时

图5.7　数值模拟2017年5月22日分时云水混合比（kg/kg）

浅蓝、浅黄、浅红分别对应能见度约600 m、300 m、100 m。

可以看出，从图5.7（c）开始，大连市区开始具有蓝色填色图，以后范围逐步扩大，说明大连市区已经受到海上平流雾的明显影响，但强度不大，在填色图上一直没有红色出现，从15时开始范围和强度逐渐缩小，与实际情况基本符合。山东半岛东南沿海雾区较为明显，特别是胶州湾周围海域表现为大面积的浅蓝色。

为了保证方案对比的敏感性，把上述模拟实验全程重新从头至尾进行一遍，包括数据采集、基本设置和区域选择等各个方面，唯一不同的是将边界层方案改为MYNN2.5，图5.8即为与图5.7相对应的分时云水混合比填色显示情况。

可以看到，在全部时间段内整个第二层嵌套区域基本没有填色部分，山东半岛东南部隐约可见零星雾区，辽东半岛东部沿海几乎没有云水混合的情况出现，亦即看不到有雾区出现。通过与地面能见度的实际对比分析，上述填色图显然不符合实际情况，也就是说模拟输出效果不理想，不能够用来指导实际业务工作。

结论：WRF V3.9默认的最优化方案对于各种强度的海雾均具有较好的适用性。

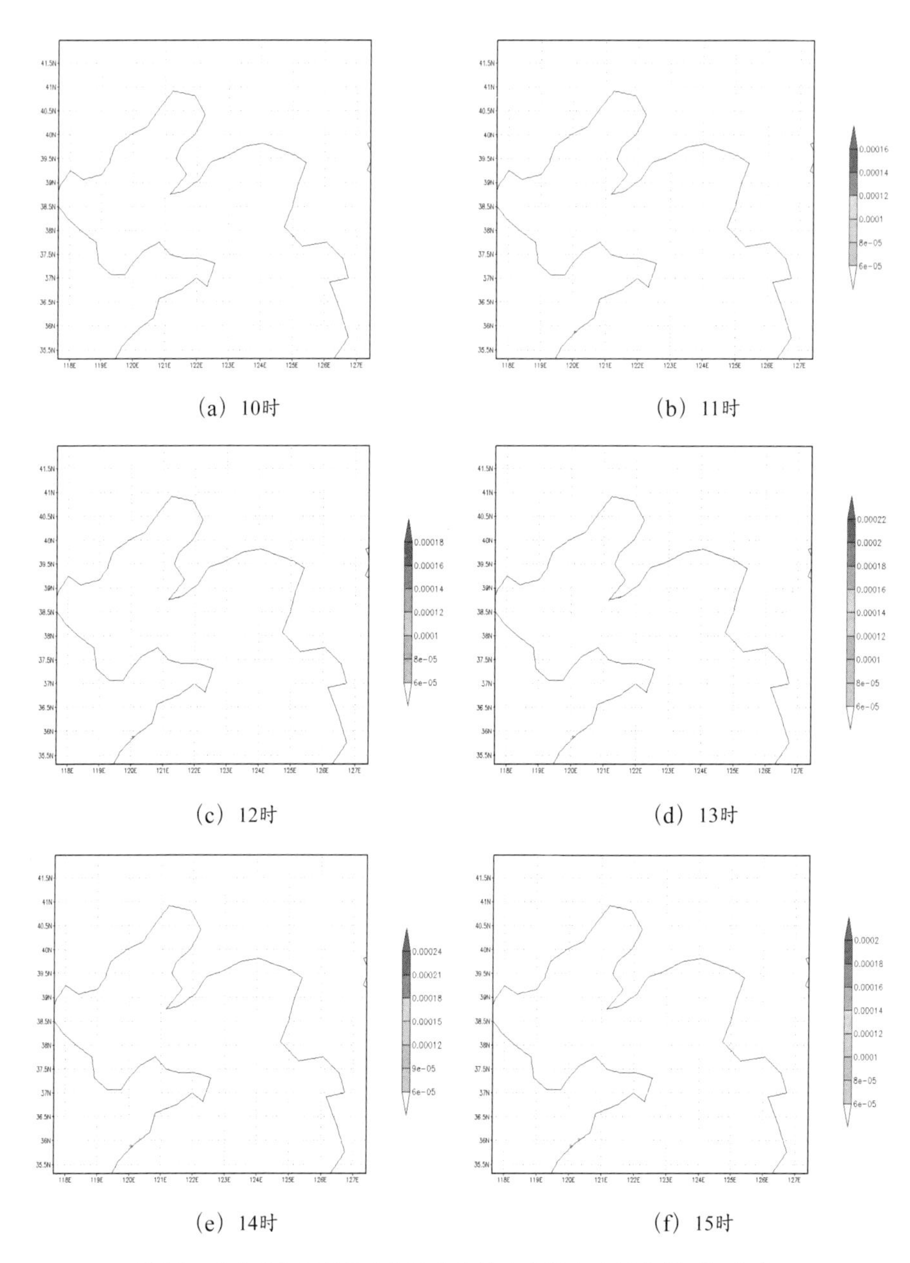

（a）10时　（b）11时

（c）12时　（d）13时

（e）14时　（f）15时

图5.8　数值模拟2017年5月22日分时云水混合比填色图（kg/kg）

浅蓝、浅黄、浅红分别对应能见度约600 m、300 m、100 m。

5.3.2　WRF敏感性试验拓展方案

5.3.1节的模拟试验基本验证了已有研究工作的正确性和适用性，可以认为WRF核心程序是连贯的，已有的研究成果具有重要参考价值。但是，最新版本的WRF封装了更多的可用选项，本着好中选优的原则，是否存在更适合于局部地区海雾模拟的方案组合需要设计科学的敏感性试验来研究发现。

为此，以YSU方案为核心配置，以长波辐射方案为重点，兼顾主要的微物理过程方案，以本书涉及典型海雾（5月30日海雾为代表的较浓海雾与5月22日海雾为代表的一般性海雾）为模拟对象进行了如下分组试验（表5.2至表5.4）。

表5.2　试验组合一

参数化过程（核心设置）	方案（对象）选择
边界层（bl_pbl_physics）	YSU方案
长波辐射（ra_lw_physics）	CAM方案
微物理过程（mp_physics）	RRTM、Kessler方案与Purdue Lin方案
其他参数化方案	系统默认
模拟对象	较浓海雾与一般海雾各一次

表5.3　试验组合二

参数化过程（核心设置）	方案（对象）选择
边界层（bl_pbl_physics）	YSU方案
长波辐射（ra_lw_physics）	New Goddard方案
微物理过程（mp_physics）	WSM6方案
其他参数化方案	系统默认
模拟对象	较浓海雾与一般海雾各一次

表5.4 试验组合三

参数化过程（核心设置）	方案（对象）选择
边界层（bl_pbl_physics）	YSU方案
长波辐射（ra_lw_physics）	Fu-Liou-Gu方案
微物理过程（mp_physics）	系统默认
其他参数化方案	系统默认
模拟对象	较浓海雾与一般海雾各一次

方案说明：上述三个表格所涉及的三种长波辐射方案依次由首创者建立于2004年、1999年和2011年，除此之外，WRF封装的可选长波辐射方案还有RRTMG方案与GFDL方案，前者因其与默认方案大同小异而未安排配组，后者则因其年代过于久远（1981年）而被舍弃。

按照组合的数学法则，上述三组共包含至少8次试验过程，每次试验都需耗时两天以上。经过长时间的系统调试和运行，得到了如下试验结果和初步结论。

试验一：不同长波辐射方案对于一般的、强度较小的海雾（以5月22日海雾为标本）模拟敏感性试验。

敏感性分析：可以看出，试验组合二效果最差，组合一与组合三效果相差不大，组合三略微占优，主要表现为更全面、详细、与实际气象过程更加吻合的海雾输出信息。

试验一的另一个重要结论便是从侧面验证了WRF V 3.9对于长波辐射方案的稳定性，或者说不同的长波辐射方案对于中纬度一般性海雾的模拟均具有良好的适应性，模拟结果均能满足一般业务需求。

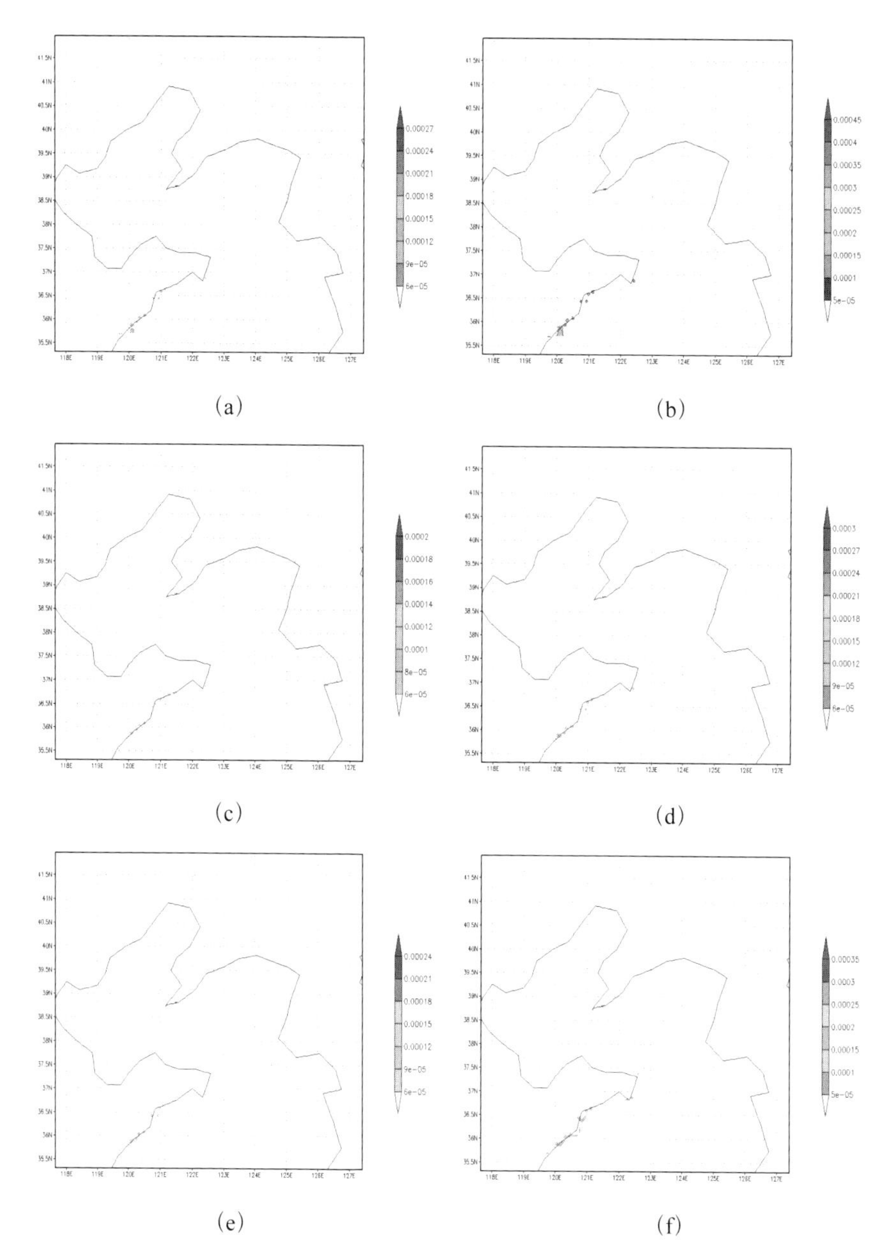

图5.9　不同长波辐射方案敏感性试验对比中云水混合比填色图（kg/kg）

试验二：不同长波辐射方案对于浓厚型海雾（5月31海雾为标本）的模拟效果对比。

三种不同长波辐射方案下浓厚型海雾的模拟效果如图5.10所示。

敏感性分析：与受海雾影响的陆地边缘实际能见度实况图进行对比可以看出，组合二最差，组合三最优，亦即长波辐射方案中的Fu-Liou-Gu方案最适合于浓厚型海雾的模拟，较之系统默认设置（长波方案为RRTM方案）仍具有一定的优势。

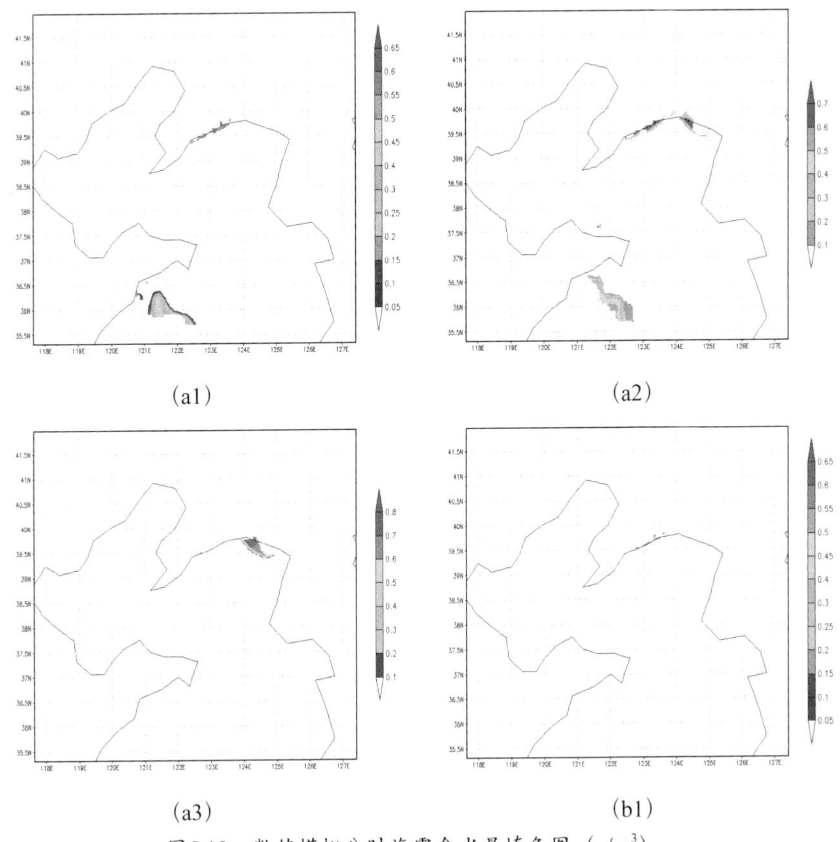

图5.10　数值模拟分时海雾含水量填色图（g/m^3）

图中（a1）、（a2）、（a3）分别为试验组合一（微物理过程为系统默认）下5月31日4时、6时、8时的填色图，（b1）、（b2）、（b3）分别为试验组合二（微物理过程为系统默认）下5月31日4时、6时、8时的填色图，（c1）、（c2）、（c3）分别为试验组合三下5月31日4时、6时、8时的填色图。

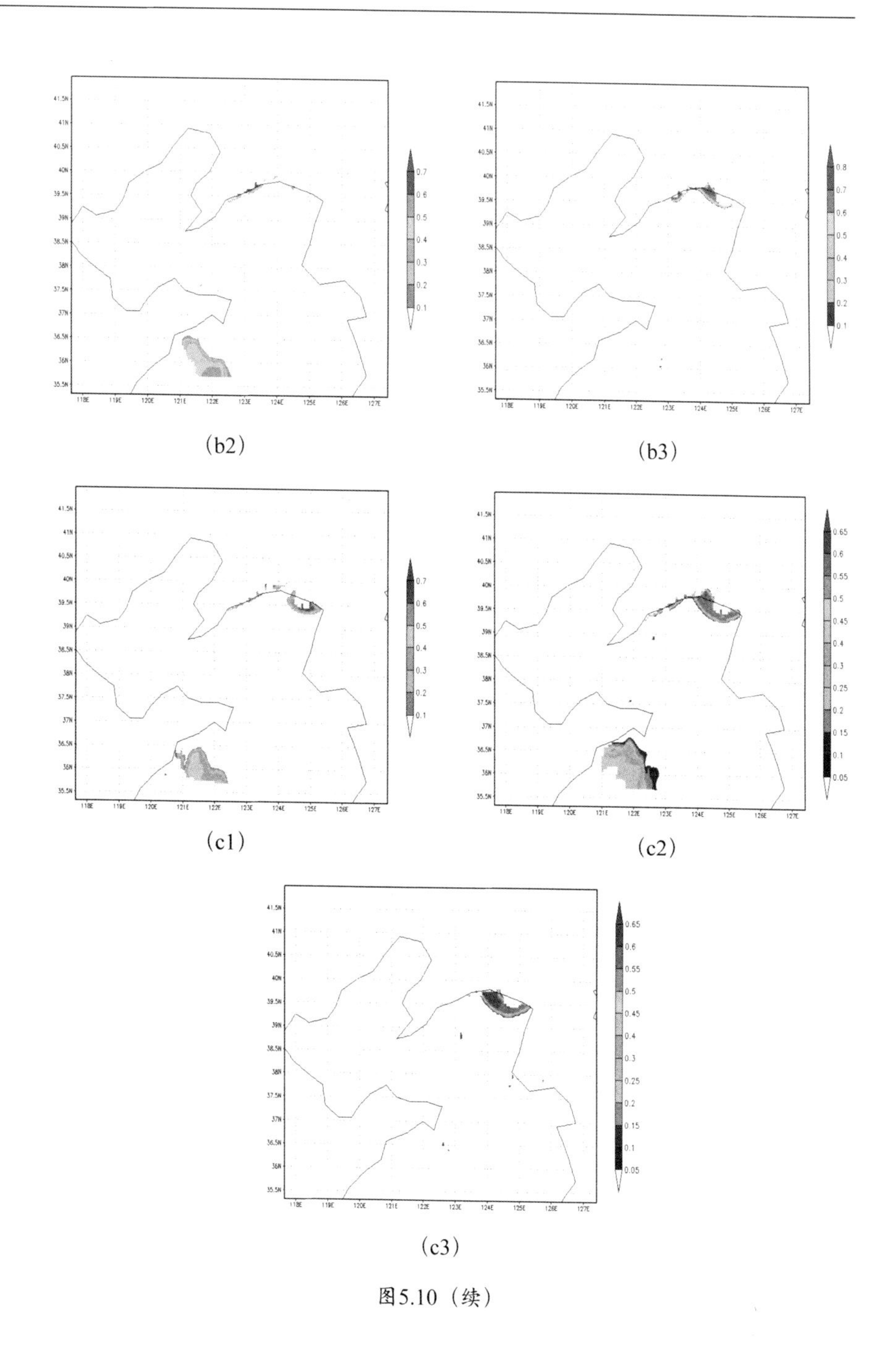

（b2）

（b3）

（c1）

（c2）

（c3）

图5.10（续）

试验三：不同微物理方案的模拟对比，利用试验组合三的主要设置，选取多种微物理方案进行对比分析。

实验结果及敏感性分析：通过多次模拟发现，不管对于浓厚型海雾还是一般性海雾，不同的微物理过程方案之间在模拟结果上没有明显的差别。

5.3.3 海雾模拟个例与海上观测

2017年6月22—23日，受太平洋高压影响，渤海海峡、黄海北部出现了稳定的暖平流，在长达12个小时的时间内，渤海海峡、黄海北部风向风速基本没有出现变化，风向基本为正南，风力2～3级；上述海区在这一高度上与低层大气风向风速高度一致，在气压形势配置上“东高西低”的特点更加明显，在较长时间的暖湿空气输送下，黄海北部海区出现了较为明显的平流雾天气。

根据5.3.2节的敏感性实验结果，可以选择如表5.5所示的最佳模拟方案，根据相关实验，本方案对各种类型的平流雾均应有较好的模拟效果。

表5.5 WRF V3.9参数化方案设置

参数化过程（核心设置）	方案（对象）选择
边界层（bl_pbl_physics）	YSU方案
长波辐射（ra_lw_physics）	Fu-Liou-Gu方案
微物理过程（mp_physics）	WRF Single moment 3-class and 5-class
其他参数化方案	系统默认

在这样的设置下，对UTC（6月22日6时至6月23日6时）这一时间短的海雾情况进行了模拟，并与海上实际观测情况进行了比对。

观测情况：2017年6月，载有实验人员和设备的船舶于北京时间6月22日17时［对应协调世界时（UTC）6月22日9时］抛锚于獐子岛锚地，经纬度坐标为（φ39.2N，λ122.8E），如图中A点所示，当晚能见度良好，进行了认星学习及昏影下的天文观测训练，6月23日凌晨开始，大雾逐渐出现，直至傍晚才开始减弱。按时间先后顺序海雾观测的情况如表5.6所示。

表5.6 海雾的实际观测情况

观测时间	海雾情况
6月22日16时（UTC）	能见度良好，繁星满天
6月22日19时（UTC）	东南方向出现浓雾
6月22日22时（UTC）	船舶完全被大雾笼罩，能见度急剧下降
6月22日23时（UTC）	能见度不足百米
6月23日0时（UTC）	低能见度持续，不足百米
6月23日2时（UTC）	能见度开始好转
6月23日4时（UTC）	能见度约300 m
6月23日6时（UTC）	能见度大于500 m

通过海上观测与数值模拟的结果对比来看，两者基本吻合，说明所选核心参数化方案对于本次海雾的模拟可靠性良好，基本属于“真实再现”。

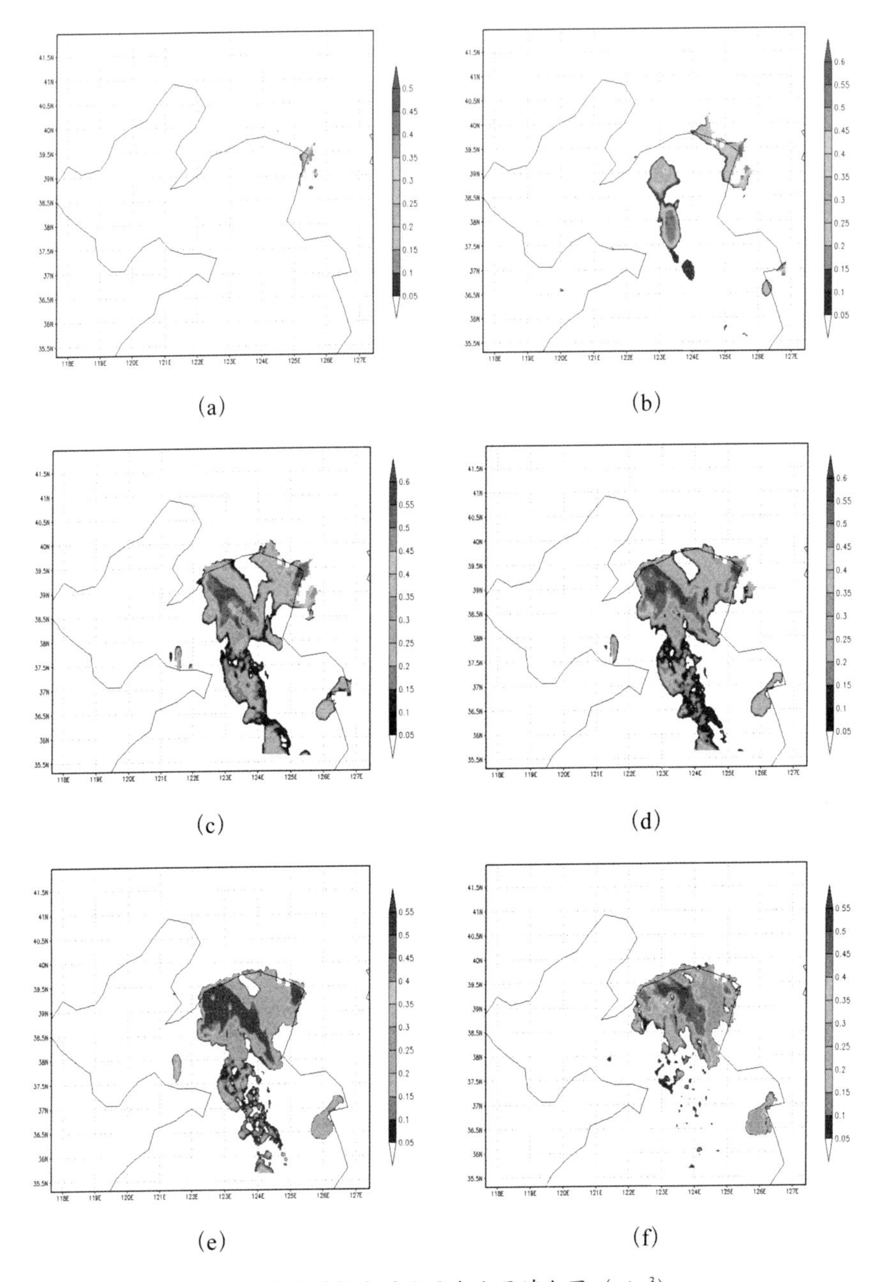

图5.11　数值模拟分时海雾含水量填色图（g/m^3）

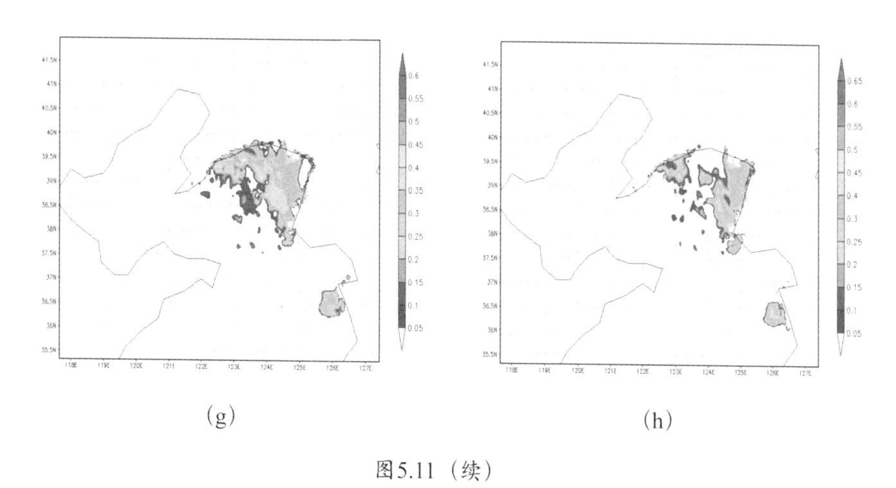

图5.11（续）

图中a-h分别为UTC（协调世界时） 6月22日16时、19时、22时、23时，6月23日0时、2时、4时、6时的海雾含水量填色图。

5.4　本章小结

本章主要对中尺度数值模拟系统WRF V3.9进行了研究，探讨了其核心模拟过程的参数化方案，在已有研究结果基础上制定了拓展性的敏感性试验方案组合，并以我国黄海、渤海海区的多次海雾过程进行了敏感性测试实验，经过与实地观测的结果对比来看，边界层参数化过程中的YSU方案对我国黄海、渤海海区的不同强度海雾均具有良好的适用性，而长波辐射方案中的Fu-Liou-Gu方案对不同强度的海雾均具有较好的模拟结果，在这样的方案组合下，对一次海雾过程进行了模拟，从海上实地观测的结果来看，模拟结果较为可靠。

第6章　海雾条件下船用红外热像仪探测能力评估

在数字海洋条件下，要想发挥红外设备最佳探测效能，必须在充分掌握海洋环境资源并能对主客观因素进行合理利用的前提下才能达成。对于船用红外探测系统来说，必须使人与设备紧密结合，掌握红外系统在特定时刻、特定海域、特定方向的探测能力，才能实现最佳的目标探测与预警。

6.1　评估方法与模型

无论是何种类型的效能评估，最终的落脚点必须是“目标实现程度”这个根本的要求。由于红外系统使用本质上是在人、红外设备与环境三者中找到最佳的平衡点，所以评估的主要任务就是真实客观地反映这种平衡（王琦等，2012）。在对红外系统进行效能评估时，首先需要掌握影响红外系统效能发挥的各类因素、相互间的关系等。环境因素对红外系统影响主要表现在使红外系统功能性失常。由于红外系统最终是由人来操作以实现既定探测目标，因此人的主观因素也是系统效能的重要因素，设备与人或系统与人之间配合程度很大可能会影响到探测的效果。

对于船用红外探测系统来讲，雾的影响是主要的、第一位的要素，但是，根据海雾含水量对系统在雾中的探测距离求解符合理论推导的公式，却与实际观测的数据不尽相同，我们把这种现象称为“计算失灵”

问题。尤其在海雾强度较大的情况下，理论数据与实际观测相差较大，经分析其原因如下。

（1）海雾浓度在空间上具有较大的不均匀性和时间上的不稳定性，直观的表现就是通常所说的“一团团、一阵阵”的特点；

（2）人与设备的契合情况等不一。有的人善于分辨较远处目标的细微变化，有的人则对暗夜情况下的红外热像比较敏感，而有的人只能应付近处明显的红外成像；

（3）红外系统有着自身的固有特点，有的在海雾条件下工作情况较为稳定，不受海雾浓度波动的影响，此外，随着设备的老化，红外系统还可能会有其他难以预料的变化。

而对于海雾来讲，不管何种类型的海雾，其存在状态都不是一成不变的，即使是稳定的平流雾，在其发展变化的不同阶段，海雾的微物理结构也呈现出不同特点。海雾的变化导致消光性能的改变，对红外热像仪的影响就是使红外成像呈现不稳定。不仅海雾的强弱会造成这种影响，目标的距离、海雾纬度、雾的形态等都会影响红外热像的亮度。另外，在我国不同海区，在雾季与非雾季，海雾的稳定性也大有不同，进而对成像造成影响。

基于上述考虑，船用红外系统有效探测距离的计算需要统筹兼顾主客观各方面的因素，以更加合理的方式进行进一步计算。

6.1.1 总体方案

综上，对影响海雾对红外辐射衰减性能的客观因素进行分析，归纳起来主要有四个。

（1）海雾浓度。这是造成红外能量衰减的主要因素，获取的主要信息来源为数值模拟。在本书研究波段范围内，红外能量的衰减遵从米氏定律或经验公式，可由第3章相关公式求得透射率；海雾浓度（能见度）与含水量具有一一对应关系，而海雾含水量，可由数值模拟结果经过后处理后根据经验公式获取。

（2）距离。目标距离的不同导致成像亮度和稳定性出现变化，有的设备使用者对这种变化敏感，有的则对这种变化不敏感。经验表明，海雾条件下有效探测距离一般不超过3n mile，可以根据人与设备特点事先确定。

（3）纬度（温度）。纬度的不同主要体现在海面温度层面，尤其在高纬度冬春季时，海雾经常演化为微小的悬浮冰晶，在这种情况下，红外辐射的基本理论对悬浮水滴不再适用，冰晶将导致红外透射率急剧降低。

（4）系统稳定性。在相同能见度下，纬度、地域和季节的变化会导致海雾系统稳定性的不同，从而对红外传感器探测能力造成影响。对于这种影响，文中用表征气象系统稳定性的指数来表示。

特定海雾条件下船用红外热像仪的探测效能评估，需要综合考虑上述各方面因素，融合人与设备的主客观情况，合理确定各方面权重，并与对应客观气象指数进行线性加权及评定，评估流程如图6.1所示（李伟等，2016）。

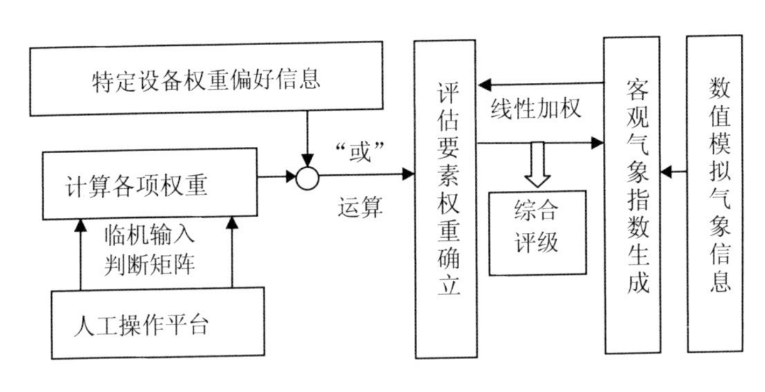

图6.1　探测能力指数生成拓扑图

图6.1中，案值模拟气象信息主要是指海洋表层海雾信息，重点是其微物理特征，核心内容是含水量，根据海雾的微物理特征可以解算出海雾透射指数，并最终生成各项客观气象指数。四项要素的权重信息既可以固化封存在计算模块中，也可以由使用者根据现场环境或者设备实际临机确立，两者必须选择其中一种方式作为计算依据。如使用者不进行临机权重信息输入，则系统默认固化信息作为权重计算的依据。

海雾的宏观范围和微观结构，可由近年来日渐成熟的数值模拟系统进行模拟，得到较为可靠的短时间内局部海洋环境信息，从而据此求得特定时间、特定方向上的性能指数，作为海上军事行动时机选择的参考（易海祁，2012）。例如，第5章中研究的WRF模式在海雾预报方面应用效果良好，利用FNL再分析数据和日平均SST数据驱动WRF模式对气象过程进行数值模拟，可以细化垂直分层，得到较为可靠的局部海洋环境预报信息。如图6.2所示，设置一定的边界条件，可以得到短期海雾的立体分布特征。

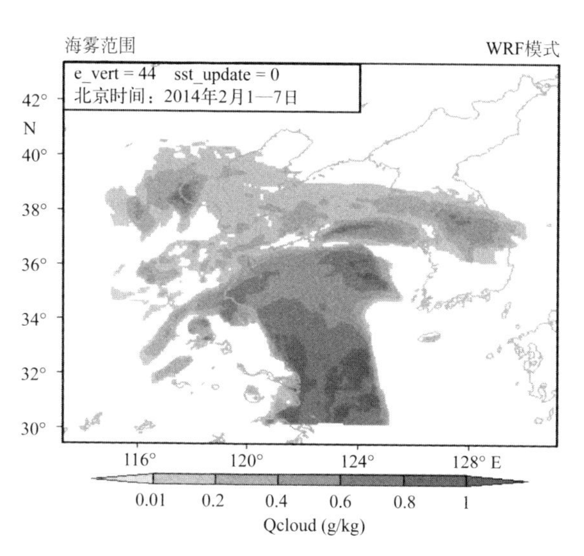

图6.2　一次海雾的WRF模式输出

6.1.2 红外传感器探测能力指数模型

根据上述评估模型，传感器在特定方位距离上的探测效能指数可由影响探测效能的各项权重与对应的客观指数线性加权获得，下面分别对其进行讨论。

6.1.2.1 各项要素权重求取

客观地讲，决定海雾消光性能的四个因素权重是随着时间地点的变化而不同，况且对于不同的红外传感器，由于其敏感波段和制造原理的不同，有效探测距离对于海雾条件的敏感程度也是不同的。即使对于同一个设备，随着设备的老化和零部件的更换，其工作性能也会出现变化。对于使用者来说，可能对某一方面比较敏感，具有特定的个性化偏好（易海祁，2012）。如果需要人工确定各项要素权重，为了做到科学合理而又能保证评估系统的可操作性，本书采用军事运筹方法中的判断矩阵来确定各方权重。例如，假设在某种形势下，设备使用者给出的临机各类要素的判断矩阵$A_{4\times4}$为：

	含水量	距离	纬度	系统
含水量	1	2	3/2	4/3
距　离	1/2	1	2/3	2/5
纬　度	2/3	3/2	1	1/2
系　统	3/4	5/2	2	1

矩阵中，$a_{12}=2$，意义即为在使用者看来，含水量与距离的重要性具有2∶1的关系，相应的，$a_{12}=1/2$，即为距离与含水量的重要性之比为1∶2，整个矩阵是对称矩阵。

由矩阵特征值可得四方面权重向量为：

$$w^T=(0.3339,\ 0.1412,\ 0.1968,\ 0.3280) \tag{6.1}$$

需要注意的是，为保证数据逻辑的合理性，判断矩阵需经过一致性检验。

判断矩阵是模型的核心参数，其正确性的唯一检验标准便是能否正确反映设备使用者在海雾中对目标的实际探测能力。最佳判断矩阵对于特定的人和设备来说是唯一的和动态变化的，只有在不断的比对调整中才能日臻完善。

图6.1中，“或”运算是一个重要的环节，它代表按照设备实际性能与实时海雾条件判断是否需要进行人工干预，是最终指数形成的重要前提。在人与设备已有较长时间磨合且系统设备性能稳定的情况下，式（6.1）中各项权重已经固化，可直接使用“特定设备权重偏好信息”代入计算以提高效率。

6.1.2.2　客观气象指数计算

客观气象条件指数，是指在一般情况下，无论对于何种类型的传感器，在其他气象条件稳定的情况下，能够相对独立地表征特定海洋表面气象条件对红外辐射能量传输衰减影响大小的客观参量。客观气象指数，必须在实验的基础上，根据拟合分析的结果合理确定。

1）海雾强度指数

由于海面悬浮的海雾雾滴是造成红外能量散射衰减的主要影响介质，所以海雾的强度指数主要由海雾的液态水含量确定。海雾雾滴越多，含水量越大，对红外辐射能量的散射就越大（李晓霞，2005）。根据米氏散射理论和海雾红外衰减的经验公式，红外辐射在海雾中的透射率与距离具有复杂的指数函数对应关系。

根据第4章研究结论，在特定的方位和距离下，以透射率百分数为结果指标、以海雾衰减程度（或含水量）和距离为变量的函数的海雾强度指数（范围0～100）可由式（6.2）或式（6.3）表示。

在特浓海雾（能见度不足500 m）条件下，根据经验模型，一定距离上红外辐射的透射率百分数为：

$$z_1 = \left[\exp(-46W^{0.61})\right]^d \tag{6.2}$$

在能见度大于500 m的海雾条件下，根据米氏物理模型，一定距离上红外辐射的透射率百分数为：

$$z_1 = 10^{\left(2-\frac{Ad}{10}\right)} \tag{6.3}$$

式中，d为特定距离，km；A为海雾衰减程度，dB/km；W为含水量，g/m^3。计算结果z_1为海雾透射的红外功率百分数（如结果为20，则意为只能接收到晴朗天气相同距离下辐射能量的20%），实际上，海雾指数就是特定方向上红外探测能力的主要指标。

2）目标距离指数

目标距离越近，成像越容易观察，即使在浓雾条件下，也可以出现由于局部空气的快速流动使目标短期内成像格外清晰的可能，熟练的操作者可以充分利用这种机会。总之，不管对何种类型的使用者，相应的客观因素指数均越大。根据实际观测经验看，这种指数可用以下拟合函数表示：

$$z_2 = -20d + 90 \tag{6.4}$$

式中，d为目标距离，n mile。

3）纬度（温度）指数

随着现代船舶远洋活动范围的不断扩大，极区航行的机会也越来越多，在高纬度地区，海雾形成以后可能被迅速冻结而成为各种形状的微小晶体。根据相关研究，冰晶的出现将大幅衰减红外辐射。根据相关研究结果，纬度指数可拟合表示为：

$$z_3 = (\varphi^{\frac{2}{3}} + 10)^{-1} \times 10^3 \tag{6.5}$$

式中，φ为纬度数，(°)。

4）时空指数

时空指数表征的是影响海雾生消的宏观气象系统稳定性与可预报性水平。一般来讲，气象预报的准确性是近似正确的，其正确性在距离指数中已进行体现，但是，在冷暖气团交替频繁迅速或者在特殊的海洋地理环境下，海雾预报分析将更加困难，其正确性也必然会降低。

所以，增加时空指数可以更加真实可靠地反映海雾实际情况，提高评估的可信度。按照实际经验，时空指数可大致表示为：

$$z_4 = 100 \times \cos\left(\frac{\pi}{2} \times \frac{8-t}{8}\right) \tag{6.6}$$

式中，t为北半球月份。

这样，四个方面的指数已经构建完毕，可以得到特定距离上的客观气象指数向量为：

$$z = (z_1, z_2, z_3, z_4) \tag{6.7}$$

然后，与气象权重要素线性加权即可由此得出任意地点的探测能力指数为：

$$z = wz^T \tag{6.8}$$

需要指出，探测能力指数是针对特定海雾条件和特定红外传感器的、与探测目标无关的性能指数，其大小与海雾特点、特定距离和设备使用者偏好紧密相关。由于在海雾条件下海雾对于红外辐射的散射衰减一般远大于空气介质的吸收，且在海雾条件下有效探测距离一般较小，空气吸收效应不强，所以本指数没有考虑空气吸收作用的影响。

6.1.3 探测能力指数的评级

探测能力指数是描述海雾对红外设备影响的综合评价指标，它客观公允而又具有一定的个性化体现，较为客观地反映了人与设备的整体情况（闫秀生，2008）。探测能力指数出现以后，对于指数的评级，必须充分考虑到人们的思维习惯，以人们熟知认同的方式评价。在这样的指导思想下，将特定方向上的探测指数分为四级（如表6.1所示）。

表6.1 红外探测效能指数评级范围界定表

指数范围	80～100	50～80	20～50	<20
评级数值	一级	二级	三级	四级

可以看出，四级指数并非等长范围均匀分布，之所以这样进行划分主要是根据人们的思维判断习惯，使人的主观认识与设备以及环境要素客观情况最佳匹配。

一级：基本无影响，可正常使用红外探测系统，探测距离有效可知。

二级：有明显影响，红外探测有效距离约为正常探测距离的一半左右。

三级：有较大影响，红外探测有效距离不及正常情况下的一半。

四级：只在很近距离上可以进行探测，系统基本不可用。

与气象预报天气指数不同的是，探测能力评估指数只分为四级，目的是尽量精简信息供给量，方便设备使用者对于形势的判断，提高效率。

6.2 探测能力指数的生成

根据上述探测能力指数产生过程模型可知，在各项权重一定的情况下，探测能力指数计算所必需的核心参数是海雾的含水量（孟卫华, 吴玲，2008），需要经过模式数据的转化来得到，另外三项指标的数值也可由模式输出的相关参数来综合确定。

模式输出参数“Qcloud”的单位为“kg/kg”，而雾滴谱含水量*W*的单位为g/m^3，用于计算衰减程度和透射率的核心参数含水量*W*的单位也为g/m^3，在本书所研究位势高度，根据相关参考文献，饱和空气密度与温度具有如表6.2所示的对应关系。

表6.2 常压下不同温度的空气密度表

温度（℃）	−8	−7	−6	−5	−4	−3	−2	−1	0
密度（kg/m^3）	1.331	1.325	1.320	1.315	1.310	1.306	1.301	1.295	1.290
温度（℃）	1	3	5	7	9	12	15	17	20
密度（kg/m^3）	1.285	1.275	1.266	1.256	1.247	1.237	1.218	1.208	1.195

通过表6.2可以看出，海洋表面空气密度变化不大，在冬春季节，密度均值为1.30 kg/m^3，上下浮动不超过1%；在夏秋季节，中纬度密度均值为1.24 kg/m^3，低纬度均值为1.20 kg/m^3，上下浮动不超过2%，低纬度的冬春季节相当于高纬度的夏秋季节，所以，完全可以用均值来进行替代计算。

从表6.2还可以看出，即使在特浓海雾条件下，海雾含水量也不超过同体积下空气质量的2%，这也是数值转化的基本依据。综上，模式输出数据Qcloud与含水量*W*的对应关系见表6.3。

表6.3 不同季节的云水混合比与空气密度单位关系对照表

季节与海区	云水混合比（kg/kg）	含水量（g/m^3）
中高纬度冬春	1	1300
低纬度冬春或中高纬度夏秋	1	1240
低纬度夏秋	1	1200

例如，在中高纬度夏秋季节，时间为5月31日7时、9时，5月22日13时、14时在本书图5.2所示二层嵌套区域内的含水量（g/m^3）填色效果分别如图6.3（a～d）所示。

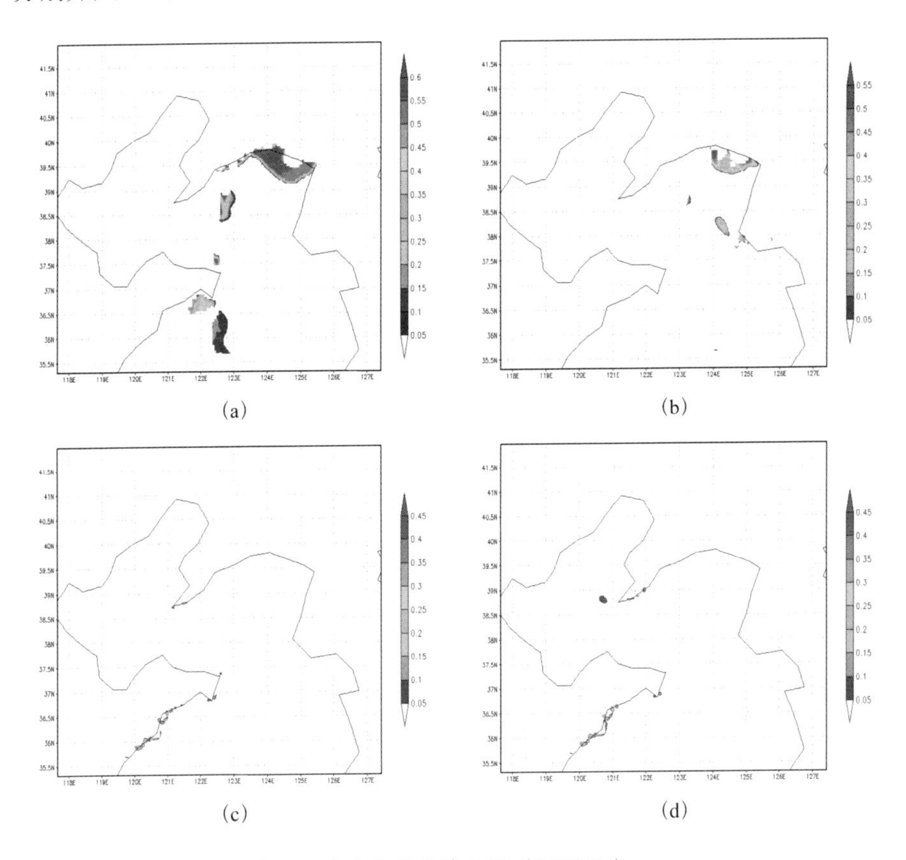

图6.3 海雾含水量填色图（1000hPa）

联立（3.17）式与表6.3，可得有盐核海雾衰减强度A（dB/km）与云水混合比$qcloud$（kg/kg）之间的对应关系分别为：

$$A = 566\,800\ qcloud \tag{6.9}$$

$$A = 540\,640\ qcloud \tag{6.10}$$

$$A = 523\,200\ qcloud \tag{6.11}$$

根据（5.14）式，在低纬度冬春或中高纬度夏秋季节，图6.3（a）、（b）对应的衰减强度（dB/km）分别如图6.4（a）、（b）所示。

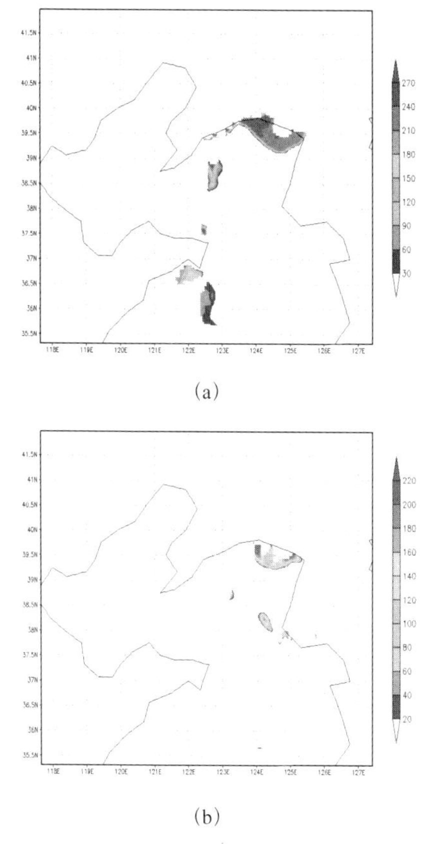

图6.4　转化后的海雾衰减强度填色图（1000hPa）

截至目前，任意地点的海雾含水量及衰减强度可由经纬度作为查询引数迅速获得，问题是：由于可能出现的海雾分布的不均匀性，选取特定方向上哪个点的含水量数值作为探测能力评估的基准。

对于这个问题，本书采用1n mile内多点平均数值法，之所以这样定义是因为以下三方面原因：

（1）由于海雾的衰减，红外传感器在海雾中的有效探测距离非常有限，1n mile距离具有代表性；

（2）由于地球的表面特点，1n mile便于进行经纬度的自动化计算；

（3）1n mile近似等于2 km，方便与每千米衰减度分贝（dB）数值进行换算。

在这样的定义下，假设取1n mile直线距离上间隔相等的10个点的含水量数值进行平均，则含水量可表示为：

$$W=\sum_{i=1}^{n}\frac{W_i}{10} \tag{6.12}$$

W_i为第i个点的含水量数值，假设传感器所在的经度坐标为λ，纬度坐标为φ，则在方位为$B(0°\leqslant B<360°)$方向上第$i(i=1, 2, \cdots, 10)$个点的经纬度值φ_i、λ_i分别为：

$$\varphi_i=\varphi+\frac{i}{10}\cos B \tag{6.13}$$

$$\lambda_i=\lambda+\frac{i}{10}\sin B\sec\varphi \tag{6.14}$$

若某次计算后得到特定方向上海雾平均含水量为0.04 g/m^3，则由公式（6.3）求得海雾强度指数（透射率）为0.05，即在1n mile处只有在晴朗天气下波段红外辐射能量的0.05%经过海雾衰减后到达红外传感器。

为了进一步说明模型使用，下面以6月22日19时嵌套区域的B点

（图6.5）为传感器所在位置，分析计算其在1n mile距离上不同方位的探测能力指数。

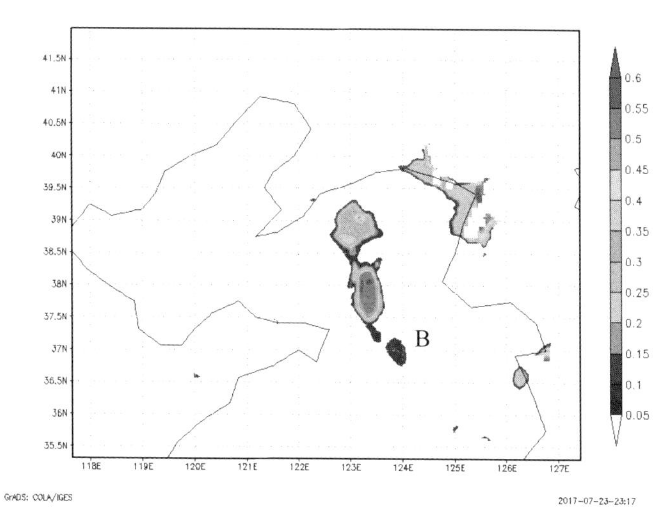

图6.5　传感器（B点）所处海雾条件下含水量填色图

根据本节所述求含水量计算方法，B点周围不同方位1n mile内平均含水量见表6.4。

表6.4　红外传感器不同方位的海雾含水量（20°间隔）

方位	0°	20°	40°	60°	80°	100°	120°	140°	160°
含水量（g/m^3）	0.045	0.036	0.030	0.012	0.007	0.008	0.010	0.013	0.015
方位	180°	200°	220°	240°	260°	280°	300°	320°	340°
含水量（g/m^3）	0.028	0.032	0.040	0.045	0.051	0.055	0.068	0.071	0.055

根据第5章实验结论，在此区间内红外辐射衰减遵从米氏理论模型，可得1n mile距离处不同方位的海雾强度指数见表6.5。

表6.5　红外传感器不同方位的海雾强度指数（20°间隔）

方位	0°	20°	40°	60°	80°	100°	120°	140°	160°
强度指数	0.07	0.3	0.8	20.0	32.3	27.5	20.0	12.6	8.9
方位	180°	200°	220°	240°	260°	280°	300°	320°	340°
强度指数	1.1	0.6	0.16	0.07	0.03	0.015	0.002	0.002	0.015

假设设备使用者对于四方权重的敏感度向量为

$$W^T = (0.95，0.05，0.05，0.05) \tag{6.15}$$

特定主客观环境下的客观气象指数向量为：

$$z = (z_1，80，50，70) \tag{6.16}$$

则以B点为中心，各个方位上探测能力指数和评级如图6.6所示。

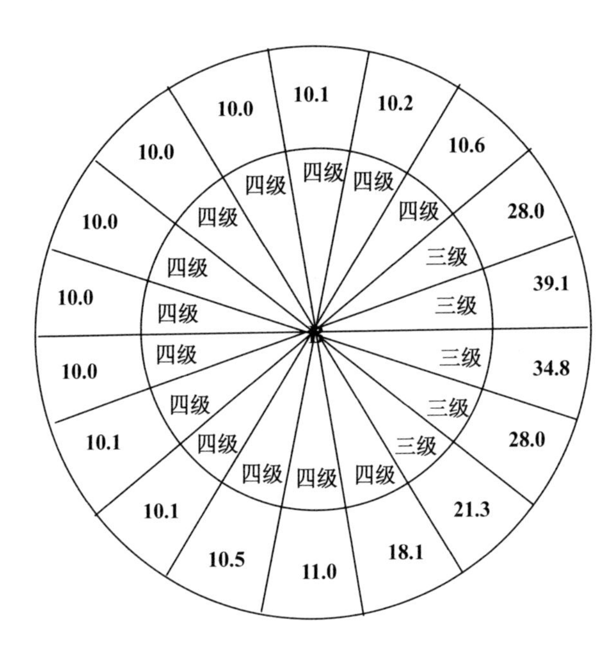

图6.6　传感器（B点）周围1n mile处不同方位的
探测能力指数（外圈）及评级（内圈）

可以看出，在探测能力指数计算过程中，各方权重和客观指数的大小明显影响着最终探测能力指数的生成，而这又与有效探测距离的计算紧密相关，所以，在实践中要谨慎确定各方权重并科学计算各项客观气象指数。

在本例中，假设探测能力指数为10，意为在1n mile处探测效果很差，大约只有海面晴朗情况下10%的波段红外能量透过海雾到达传感器。此外，还可以看出，由于设备使用者善于在近距离使用该设备或者由于设备本身固有特点，使得在1n mile处探测指数有了一个“保底”的数值，这也符合设备使用的实际情况。在设备实际使用中，根据调查研究的实际情况，经常出现“理论失灵”现象，即虽然理论计算结果不能满足成像条件但却依然能看到红外成像。

6.3　船用红外热像仪有效探测距离的计算

船用红外热像仪在海雾影响下的波段红外能量衰减程度可根据海雾强度指数一目了然，并由此计算得出海雾中任意时刻、任意地点的探测能力指数和评级，为设备使用提供了基本参考。但是，本书的最终目标是要回答对于特定的目标（水面或者空中），在特定的海雾条件下在多远的距离上能够有效探测。根据第4章内容，在干洁大气条件下，海上面状辐射源在真空中的波段出射功率衰减与距离的平方成反比，船用红外热像仪可接收的点状辐射源的波段出射功率也与距离的平方成反比，如果按照上节模型计算所得的海雾强度指数作为红外辐射透射率基本依据，那么，在某一距离上，当衰减后的透射功率等于传感器的接收阈值时，即为最大有效探测距离。

对于面状辐射源，在干洁空气中，在θ不变的情况下，设最大探测距离为d（单位为km），对应的传感器所需的最小显影功率为p，如图6.7所示。

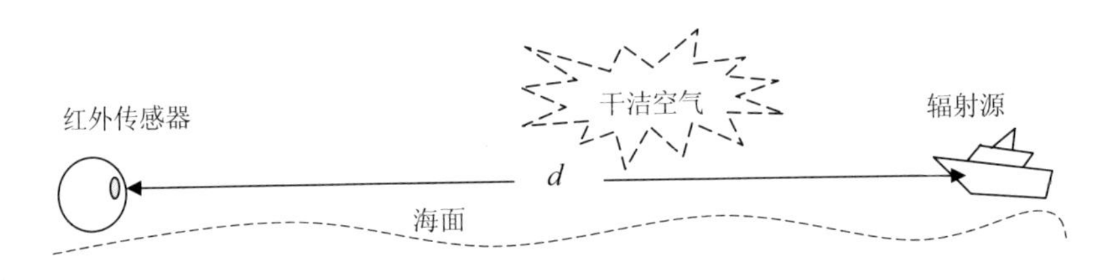

图6.7 面状辐射源在干洁空气中的成像示意图

这时，式（4.9）可以写成式（6.17）形式：

$$p=\frac{\mathrm{K}}{d^2} \tag{6.17}$$

式中，K为与硬件相关的常数。当在有雾的情况下，假设在d_x（$d_x<d$）（单位为km）处，海雾对红外能量的衰减与目标距离的靠近造成的能量增加值相互抵消，成像环境如图6.8所示。

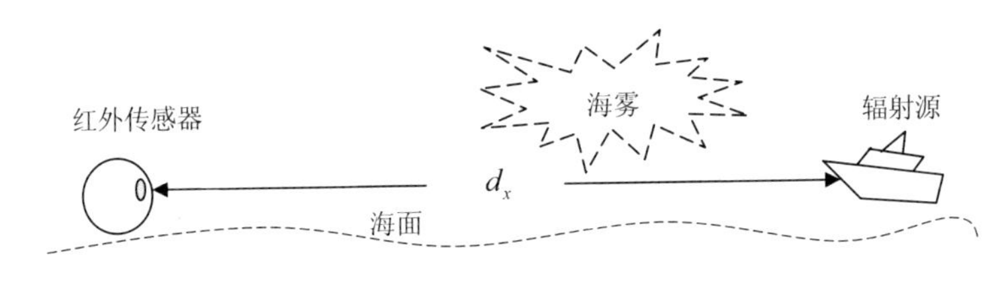

图6.8 面状辐射源在海雾条件下的成像示意图

此时，红外衰减速度与距离成复杂对数关系，所以，在已知海雾条件下，对于特定的辐射源，则由式（6.2）与式（6.3），基于物理计算模型的各参数间数值具有如下关系：

$$\left(\frac{d}{d_x}\right)^2 \cdot p \cdot 10^{(-45.2Wd)}=p \tag{6.18}$$

当传感器处于特浓海雾时，基于经验模型的各参数间数值具有如下关系：

$$\left(\frac{d}{d_x}\right)^2 \cdot p \cdot [\exp(-46W^{0.61})]^d = p \tag{6.19}$$

6.4　船用红外探测系统的探测能力

本节以具体设备为例进行探测能力计算的演示。假设某型船用红外探测设备的使用说明书中对探测能力的描述为："在环境温度为25℃、能见度大于10 km、空气相对湿度为80%的情况下，对于中型海洋船舶，最大探测距离不小于18 km"，根据波段红外传输规律可知，最大探测距离对应的探测条件为探测器位于目标船舶的正横方位时。

我们仍以图6.5中B点为例进行说明。根据表6.4所列不同方位的海雾含水量计算出不同方位的探测能力指数，晴朗天气下对中型海洋船舶最大探测距离为10n mile（18.5 km）的船用对海型红外传感器在B点（6月22日19时）不同方位上的有效探测距离见表6.6。

表6.6　根据探测能力指数计算的某船用红外热像仪在不同方位的探测距离（n mile）（20°间隔）

方位	0°	20°	40°	60°	80°	100°	120°	140°	160°
有效探测距离	0.74	0.87	0.98	1.92	3.11	2.75	1.92	1.68	1.52
方位	180°	200°	220°	240°	260°	280°	300°	320°	340°
有效探测距离	0.99	0.95	0.83	0.76	0.71	0.67	0.65	0.63	0.81

而只考虑海雾含水量根据米氏法则计算的不同方位探测距离见表6.7。

表6.7　只考虑海雾强度的某船用红外热像仪在不同方位的探测距离（n mile）（20°间隔）

方位	0°	20°	40°	60°	80°	100°	120°	140°	160°
理论探测距离	0.59	0.77	0.88	1.58	2.27	2.06	1.79	1.52	1.39
方位	180°	200°	220°	240°	260°	280°	300°	320°	340°
理论探测距离	0.92	0.85	0.73	0.65	0.59	0.56	0.49	0.47	0.70

可以看出，在1n mile以内，以探测能力指数计算的探测距离略大于只考虑海雾含水量的计算数值。为了检验数据的有效性，在6月22日实验时同时记录了热像仪周围海面目标的红外探测情况，在导航雷达的配合下，不同方位的最远探测距离见表6.8。

表6.8　海雾条件下不同方位的实际探测距离（n mile）

方位	358°	042°	081°	115°	160°	183°	220°	310°	341°
实际探测距离	0.86	1.02	—	1.82	—	1.15	—	0.81	0.94

可见，实际探测距离普遍略微超过了模型计算数值，普遍明显大于单纯考虑含水量的计算数值，说明综合了人与设备整体情况的“探测能力指数模型”是有效的，只要判断矩阵合理，模型计算的结果非常接近于实际探测情况。

6.5　本章小结

本章首先从效能评估的总体要求着手，客观分析了影响红外设备效能评估的主观和客观两方面的要素，并用权重来表征它们各自的影响程度。为了科学判断权重，引入层次分析的方法，并综合已有材料对各客观气象指数进行了拟合处理。为了详细说明模型的使用，以特定海雾条件为例进行了求解计算，在海雾含水量的计算上采用1n mile内多点求平均的做法，真实全面地反映了海雾强度水平。最后，以某红外探测设备为例进行了实际探测能力的计算与观测验证，结果显示，综合了人与设备整体情况的“探测能力指数模型”真实有效，计算结果更符合实际情况。

第7章　总结与展望

7.1　本书主要内容

本书紧紧围绕新式红外设备的航海需求，研究了海雾的结构、对红外辐射的衰减和海雾的数值模拟，进行了船用红外探测系统在海雾条件下的探测能力研究，主要内容如下。

（1）分析研究了我国近海不同海区的海雾特点，明确了海雾的微物理结构特点及其雾滴谱核心参数间的数值对应关系，总结了浓厚型海雾和一般型海雾在平均粒径大小、含水量、峰值区间的不同，并通过海雾观测实验进行了验证。

（2）分别以米氏散射理论公式和经验公式对8～12 μm波段的红外辐射在雾中的衰减做了研究并根据能见度的不同分别进行了对比。在对米氏散射理论进行研究时，为了优化计算过程，根据8～12 μm波段消光系数与尺度参数的区间特性进行了拟合处理并代入米氏公式计算。分析了海雾中盐核的产生过程，探讨了海雾雾滴的盐浓度，并分有盐和无盐两种情况对海雾的消光性能进行了研究。

（3）把海面船舶看作面状辐射源，建立了其波段红外辐射功率计算的类朗伯源计算模型，并通过海上观测实验对其合理性进行了验证，通过对实验数据的分析获得了实际设备与实验所用设备灵敏度的对应关系，通过海雾中的面状辐射源成像实验研究了其衰减规律，通过实验的方法提出了点状红外辐射源在室外大气中近距离传播规律。

（4）使用中尺度数值模拟系统WRF V3.9对海雾的模拟效果进行了较为深入的研究。首先根据已有的对较早版本的研究结果，对核心参数化方案的模拟效果进行了对比分析，然后以此为基础，采用组合的方式对八种组合进行了模拟，以中央气象台官方发布的实况图为根据进行了敏感度分析，最终确立了最佳的模拟方案，以一次实际的海雾过程的观测数据为根据验证了最佳模拟方案的可靠性。

（5）综合分析了实际设备使用中人、机、环境交互影响的特点并以此为根据建立了船用红外热像仪探测能力计算模型。对于各个因素的权重采用人工干预或者系统默认的方式进行，对于海雾含水量的计算采用1n mile内多点求平均的方法，以实例计算了在一次海雾中某点不同方位的探测能力指数，根据探测能力指数进行了实际探测距离的求解。最后，以具体设备为例计算了其在特定海雾条件下不同方位的有效探测距离，根据雷达标绘数据进行了对比验证，证实了模型的可用性和先进性。

7.2　需要进一步研究的问题

限于时间和篇幅，需要完善和进一步研究的问题如下。

（1）海雾的微观结构需要实验次数更多、覆盖范围更广、层次上更进一步的研究。本书研究大多以已有研究结果为基础展开，海上实验较为有限。事实上，海雾是造成红外衰减的主要原因，受海上时空条件限制，虽然海雾的实验研究较难开展，但海上红外辐射衰减研究有赖于海雾微物理结构研究的深入。

（2）海雾衰减实验的样本容量较小，衰减求解拟合计算的精细度有待于进一步提高。受限于实际海雾实验开展的苛刻条件，文中对于海洋船舶的雾中辐射衰减和点状辐射源的雾中衰减所取的样本容量都比较有限，仅能说明在大致的区间范围的衰减情况，多样复杂的海雾形态对红外辐射的衰减规律需要更多的实验来研究。

（3）海雾条件下红外传感器的探测能力评估模型还有进一步优化的空间，数值的自动提取和同步快速计算是一个具有较高研究价值的课题。作为基础，本书搭建了一个系统的评估理念，后续的完善乃大有可为，如客观气象指数的自动化生成、可视化人机界面的设计与操作等。

7.3 结束语

船用红外探测系统作为一种新型设备，体现了世界范围内红外技术使用的最新进展，进行相关研究所需的理论水平和实践经验要求都较高。但是，由于时间和专业基础等各方面原因，相关内容的研究还不够深入全面，各章节专题研究所采取的方式方法也不尽完美，有待进一步研究。

参考文献

A R 杰哈. 红外技术应用[M] . 张孝霖, 陈世达, 舒玉文. 等译. 北京: 化学工业出版社, 2004.

曹祥村, 邵利民, 李晓东. 黄渤海一次持续性大雾过程的特征和成因分析[J]. 气象科技, 2012, 40(1): 92−99.

陈佑淑, 蒋瑞宾. 气象学[M]. 北京: 气象出版社, 1988.

戴永江. 激光雷达原理[M]. 北京: 国防工业出版社, 2002.

邸旭, 杨进华. 微光与红外成像技术[M] . 北京: 机械工业出版社, 2015.

丁利伟, 王宗俐, 程明阳. 高速公路红外引导系统透雾特性的试验研究[J]. 光电技术应用. 2014, 29(2):4−8.

“FLIR-F610E”红外设备技术说明书[Z]. 美国弗莱尔公司, 2014.

付伟. 船用光电侦察告警设备发展综述[J]. 船用设备, 2002(2):22−26.

高学庆. 气象条件对舰船无源干扰反导作战效能的影响[J]. 水雷战与舰船防护. 2007, 15(4):39−43.

耿绪林. 空中盾牌——中国新一代光电防控火控系统[J]. 现代兵器, 1999(1):7−10.

顾聚兴. 大气对红外成像系统的影响[J]. 红外, 2008, 29(3):39−41.

郭桓. Ka频段雨衰特性研究[D]. 西安：西安电子科技大学, 2011.

黄辉军, 黄健, 刘春霞, 等. 茂名地区海雾的微物理特征[J]. 海洋学报（中文版）, 2008, 29(2):213−215.

黄天祥. 可见光外天文学[M]. 北京：科学出版社, 1986.

蒋鸿旺. 国外船用激光测距机与光电火控系统[J]. 兵器激光, 1985(2):5−8.

雷前召. 雨滴的电磁衰减研究[J]. 济南大学学报, 2011, 25(4):407−410.

李鹏远. 黄海海雾的观测和基于WRF模式的数值模拟研究[D]. 中国海洋大学, 2011.

李强. 光电告警技术的发展分析[J]. 舰船电子工程, 2007(6):43–47.

李伟, 唐君, 邵利民. 基于红外遥感气象信息的舰载机飞行安全性评估[J]. 红外与激光工程. 2016, 46(5):0504001–0504005.

李晓东, 邵利民, 曹祥村. 海雾观测与数值模拟研究进展[C]. 大连:第六届军事海洋战略及发展论坛, 2009:248–252.

李晓霞. 国外海军光电对抗设备综述[J]. 现代军事, 2005(10):30–34.

李学彬, 宫纯文, 李超. 雾滴谱分布和雾对红外的衰减[J]. 激光与红外, 2009, 39(7):742–745.

李莹. 红外系统作用距离的研究[D]. 长春：长春理工大学, 2011.

刘大东. 船用火控系统作用与特点[J]. 红外与激光工程, 2007(9):79–83.

刘海芹. 雾天气下红外图像清晰处理研究[D]. 杭州：浙江大学,2008.

刘香翠, 程翔, 张良, 等. 烟幕对红外热像仪遮蔽效果的定量表征[J]. 红外与激光工程. 2012, 41(1):37–41.

陆雪, 高山红. WRF模式中不同边界层与微物理方案组合应用对黄渤海海雾模拟效果的影响[J]. 中国海洋湖沼学会水文气象分会, 2011.

吕绪良, 平洋, 李晓鹏, 等. 雾滴的微观特征对其红外辐射衰减性能的影响[C]//中国土木工程学会防护工程分会第九次学术年会论文集. 2004:1226–1231.

孟卫华, 吴玲. 复杂环境中红外成像系统探测性能的评估[J]. 红外与激光工程, 2008, 37(6):613–618.

孟宪贵, 张苏平. 夏季黄海表面冷水对大气边界层及海雾的影响[J]. 中国海洋大学学报, 2012, 42(6):16–23.

齐伊玲. 典型黄海平流海雾形成机制的研究[D]. 中国海洋大学, 2010.

饶莉娟. YSU与MYNN边界层方案的黄海海雾模拟效果研究[D]. 中国海洋大

学, 2014.

饶瑞中, 宋正方. 海雾对3 ~ 5 μm和8 ~ 14 μm红外辐射的衰减特性[J]. 红外研究, 1989(6): 441−445.

任海霞, 任海刚. 实时海面舰船红外热像仿真平台[J]. 红外与激光工程, 2007, 36(2):202−206.

宋博, 王红星. 雨滴谱模型对雨衰减计算的适用性分析[J]. 激光与红外, 2012, 42(3):310−314.

宋敏敏. 红外系统作用距离与影响关系因素的研究[D]. 南京:南京理工大学, 2010.

宋正方, 韩守春. 近红外辐射在雾中衰减的研究[J]. 红外研究, 1987(4):315−319.

孙成禄. 船用光电火控系统的发展[J]. 现代兵器, 1989(1):32−35.

汤鹏宇, 何宏让. 大连海雾特征及形成机理初步分析[J]. 干旱气象, 2013, 31(1):62−65.

唐庆国. 光电技术在武器装备中的地位和作用[J]. 舰船科学技术. 1997(10): 7−10.

滕华超. 浓雾过程中尺度数值模拟及能见度集合预报个例研究[D]. 南京信息工程大学, 2011.

王彬华. 海雾[M]. 北京：海洋出版社, 1983.

王海晏. 红外辐射及应用[M]. 西安：西安电子科技大学出版社, 2014.

王惠, 殷占英. 光电跟踪仪在近程反导红外系统中的作用[J]. 舰船科学技术. 1999(2):54−57.

王敬美.飞行场景和海洋场景的红外成像仿真[D]. 哈尔滨:哈尔滨工业大学, 2009.

王鹏飞, 李子华. 微观云物理学[M]. 北京: 气象出版社, 1989.

王琦, 张继旭, 曹艳霞. 红外探测系统作用距离试验与评估方法[J]. 大气科学学报, 2012, 37(7):192-196.

王泽和. 舰船光电设备的发展及应用[J]. 舰船电子工程, 1999(1):54-58.

魏海亮. 激光在海雾中的传输特性研究[D]. 大连: 海军大连舰艇学院, 2015.

魏合理, 刘庆红, 宋正方, 等. 红外辐射在雨中的衰减[J]. 红外与毫米波学报, 1997, 16(6):418-423.

吴兑, 吴晓京, 朱小祥. 雾和霾[M]. 北京: 气象出版社, 2009.

吴晗平.军用红外目标图像识别跟踪系统的现状与研究[J].现代防御技术. 1996(3):55-58.

吴永. 基于光电设备的激光、红外光及可见光的性能测试及分析[D]. 南京: 南京邮电大学, 2013.

肖璐. Ka频段雨衰特性的测量和模型研究[D]. 西安：西安电子科技大学, 2010.

徐静琦, 张正, 魏皓. 青岛海雾雾滴谱与含水量观测与分析[J]. 海洋湖沼通报, 1994, (2):174-178。

闫秀生. 光电对抗仿真与效能评估[J]. 红外与激光工程, 2008, 37(6):665-668.

杨柏春. 红外辐射特性测量方法研究[D]. 长春：长春理工大学, 2009.

杨逢春. 飞行弹丸红外辐射测量的仿真与实验研究[D]. 西安: 西安工业大学, 2014.

杨三才. 海雾和沿岸雾与大气污染[J]. 海洋通报, 1984, 3(5): 81-85.

杨伟波, 张苏平, 薛德强. 2010年2月一次冬季黄海海雾的成因分析[J]. 中国海洋大学学报, 2012, 42(增刊):24-33.

杨中秋, 许绍祖, 耿骠. 舟山地区春季海雾的形成和微物理结构[J]. 海洋学报, 1989, 11(4): 431-438。

易海祁, 邵利民, 曹祥村, 等. 基于中尺度气象模式的海雾电磁波衰减预报[J], 海军大连舰艇学院学报, 2008, 31(增刊):127-129.

易海祁. 不同气象条件下光电红外系统作战效能评估[D]. 大连: 海军大连舰艇

学院, 2012.

余常斌, 杨坤涛, 姜宏滨.红外成像系统作用距离等效折算方法[J]. 光学与光电技术. 2003, 1(3):53−56.

张建奇, 何国经, 刘德连, 等. 背景杂波对红外成像系统性能的影响[J]. 红外与激光工程. 2008, 37(4):565−568.

张明明. 复杂背景下空中目标红外图像仿真研究[D]. 合肥:中国科学技术大学, 2011.

张守宝. 高压系统影响下黄海海雾的形成机制研究[D]. 中国海洋大学, 2010.

张舒婷, 牛生杰, 赵丽娟. 一次南海海雾微物理结构个例分析[J]. 大气科学, 2013, 37(3):552−562.

赵振维, 吴振森, 沈广德, 等. 雾对10.6 μm红外辐射的衰减特性研究[J]. 红外与毫米波学报, 2002, 21(2):95−98.

赵振维, 吴振森. 确定雾滴谱的方法和雾的红外辐射衰减特性[J]. 西安电子科技大学学报（自然科学版）, 2002, 29(2):253−255.

周立佳, 朱福海, 邵利民, 等. 航海气象[M]. 北京：解放军出版社, 2005.

周万福, 罗双玲. 不同液体浓度与折射率关系的经验公式[J]. 兴义民族师范学院学报, 2013, 10(5):119−123.

周星里, 谢亚楠, 杨正得. 云雾对电磁传输特性影响的研究[J]. 气象科技, 2011, 39(5):661−665.

BENDIX J. A case study on the determination of fog optical depth and liquid water path using AVHRR data and relations to fog liquid water content and horizontal visiblity [J].Internat. J. Remote Sensing.1995, 16:515−530.

BEYNON J D E, LAMB D R. Charge-Coupled Devices and Their Application MC Graw-Hill.London,1980.

BOHREN C F, HUFFMAN D R. Absorption and scattering of light by small particles [M]. John Wiley & Sons, New York, 1983.

COULSON K L. PolariZation of Light in the Natural Environment.Proe.SPIE, vol.1166, 1989.

CRAIGE J TREMBACK, ROBERT L, WALKO, MARTIN J BELL. REVU (RAMS/HYPACT Evaluation and Visualization Utilitils) version 2.5 User's guide[R]. ATMET LLC, 2004.

DEIRMENDJIAN D. Scattering and polarization properties of water clouds and hazes in visible and near infrared[J].App.l Opt., 1984(3): 187−196.

DEIRMENDJIAN. Far-infrared and sub millimeter wave attenuation by clouds and rain. Journal of Applied Meteorology and Climatology, 1975(14): 1584−1593.

ELDRIDGE R G. A few fog drop-size distributions[J].Journal of Meteorology. 1961, 18: 671−676.

ELDRIDGE R G. The relationship between visibility and liquid water content in fog[J].Journal of the Atmosphere Sciences, 1971,28:1183−1186.

ELLROD G P. Advances in the detection and analysis of fog at night using GOES multispectral infrared imagery[J]. Weather and forecasting, 1995, 10: 606−619.

ERNST J A. Fog and stratus "invisible" in meteorological satellite infrared imagery[J]. Monthly Weather Review, 1975, 103: 1024−1026.

EYRE J R, BROWNSOMBE J L, ALLAM R J. Detection of fog at night using Advanced Very High Resolution Radiometer (AVHRR) imagery[J]. Meteorological Magazine, 1984,113: 265−271.

GULTEPEL I, MÜLLER M D, BOYBEYI Z. A New Visibility Parameterization for Warm-Fog Applications in Numerical Weather Prediction Models[J]. Journal of applied meteorology and climatology, 2006, 45:1469−1480. Rec.

HANS J LIEBE, TAKESHI MANABE, GEORGE A HUFFORD. Millimeter-wave

Attenuation and Delay Rates Due to Fog/Clouds Conditions[J]. Antennas and Propagation. 1989, 37(12):1617−1623.

ITU-R P.676-678: Attenuation by atmospheric gases, 2005, 3.

JINDRA GOODMAN. The microstructure of California coastal stratus[J]. Journal of applied meteorology, 1977, 12:1056−1067.

JUNGE C E. Atmospheric Chemistry[C] //Advances in Geophysics.New York:Academic Press, 1958.

KIN, BRUCE MCARTHUR, ERIC KOREVAAR. Comparison of laser beam propagation at 785 nm and 1550 nm in fog and haze for optical wireless communications. Proc SPIE Opt Wireless Commun III 4214 (2001):26−37.

LEE T E, TURK F J, RICHARDSON K. Stratus and fog products using GOES-8-9 3.9 μm data[J]. Weather and Forecasting, 1997, 12:664−677.

MARINE. Atmospheric Effects on Electro-optical systems performance. Opt. Eng., 1991, 30(ll):1804−1820.

MICHAEL I MISHCHENKO, LARRY D TRAVIS. Scattering, Absorption, and Emission of Light by Small Particals[M]. National Defense Industry Press, 2013.

MILBRANDT J A, YAU M K. A multimoment bulk microphysics parameterization. Part I: Analysis of the role of the spectral parameter[J]. Journal of the atmosphere sciences, 2005, 62(9):3051−3064.

OWRUTSKY J C, NELSON H H, LADOUCEUR H D, et al. Obscurants for infrared countermeasures[R]. ADA375708, 2000.

PIOTR J FLATAU, GREGORY J TRIPOLI, JOHANNES VERLINDE, et al. The CSU-RAMS cloud microphysics module: General theory and code documentation[R]. Colorado State University, 1989:8.

ROBERT L WALKO, CRAIG J TREMBACK. RAMS version 6.0 model input namelist parameters[R]. Colorado State University, 2005.

ROBERT TARDIF. The Impact of Vertical Resolution in the Explicit Numerical Forecasting of Radiation Fog: A Case Study[J]. Pure and Applied Geophysics, 2007, 164: 1221–1240.

RUSSELL J CHIBE. The numerical simulation of fog with the RAMS@CUS cloud-resolving mesoscale forecast model[R]. Colorado State University, 2001.

RYDE J W. Note on the physics of fog formation[J].Journal of Meteorology. 1947, 4:206.

STRATTON J A. The Effect of Rain and Fog on the Propagation of Very Short Radio Waves. Proceedings of the Institute of Radio Engineers[J]. 1930, 18(6):1064–1074.

TURK J, VIVEKANANDAN J, LEE TAND, et al. Derivation and applications of near infrared cloud reflectances from GOES-8 and GOES-9[J].Journal of applied meteorology. 1998, 37: 819–831.

TURNER J, ALLAM R, MAINE D. A case study of the detection of fog at night using channels 3 and 4 on the Advanced Very High Resolution Radiometer (AVHRR)[J]. Meteorological Magazine, 1986, 115:285–290.

VAN DE HULST H C. Light Scattering by Small Particles[M]. John Wiley, New York, 1957.

VASSEUR H, GIBBINS C J. Inference of fog characteristics from attenuation measurements at millimeter and optical wavelengths.Radio Science,1996,31(5):1089–1097.

WALLACE H B. Millimeter-Wave Propagation Measurements at the Ballistic Research Laboratory[J]. Geoscience and Remote Sensing. 1988, 26(3):253–258.